机械设计与制造基础

苏 君 牟 森 杨春太◎著

陕西新华出版
陕西科学技术出版社
Shaanxi Science and Technology Press
西 安

图书在版编目(CIP)数据

机械设计与制造基础/苏君,牟森,杨春太著.
西安:陕西科学技术出版社,2024.10. — ISBN 978-7-5369-9025-8

Ⅰ.TH122; TH126

中国国家版本馆CIP数据核字第2024AQ4854号

机械设计与制造基础

JIXIE SHEJI YU ZHIZAO JICHU

苏君　牟森　杨春太　著

责任编辑	黄　鹤
封面设计	了然文化
出 版 者	陕西科学技术出版社 西安市曲江新区登高路1388号陕西新华出版传媒产业大厦B座 电话(029)81205187　传真(029)81205155　邮编710061 http://www.snstp.com
发 行 者	陕西科学技术出版社 电话(029)81205180　81205190
印　　刷	广东虎彩云印刷有限公司
规　　格	700mm×1000mm　16开本
印　　张	11
字　　数	205千字
版　　次	2024年10月第1版 2024年10月第1次印刷
书　　号	ISBN 978-7-5369-9025-8
定　　价	58.00元

PREFACE
前　言

机械是工业发展的基础，各行各业和机械都有着千丝万缕的联系，日常生活更是离不开机械产品，机械的重要性不言而喻。机械基础作为很多高校机电类专业的一门重要基础课程，在培养学生综合能力的过程中也发挥着重要的作用。因此，无论是对于机械专业的学生，还是从事该领域的人员，抑或对该领域感兴趣的人来说，了解并掌握机械基础知识都有一定的意义与价值。

基于此，本书对机械基础知识进行了深入的研究。从机械设计的基础理论入手，简要阐述了机械设计的基本要求和一般程序、机械零部件设计、机械材料以及现代机械设计方法，重点研究了机械制造的相关概念、发展现状、生产纲领、传统方法；深入探索了带传动、链传动、齿轮传动、蜗杆传动、液压传动和气压传动的相关基础知识；具体介绍了几种常用的机械制造工艺设备，包括金属切削机床、金属切削刀具、机床夹具；全面挖掘了当代先进机械制造技术，包含工业自动化制造技术及智能制造技术。

本书内容全面、逻辑清晰，对各个知识点的阐述细致且深入，可作为高等院校本科、高职高专的电气工程、计算机应用、经济类、管理类等非机械类专业的参考资料，也可作为有关专业技术人员的自学参考书。

CONTENTS

目 录

第一章 机械设计 ……1

第一节 机器的组成 ……1

第二节 机械设计的基本要求和一般程序 ……2

第三节 机械零件设计 ……4

第四节 机械零件的材料及其选用 ……7

第五节 机械设计中的标准化、系列化和通用化 ……10

第六节 现代机械设计方法……10

第二章 机械制造……13

第一节 制造、制造技术、制造业 ……13

第二节 机械制造技术的重要性 ……15

第三节 近代机械制造业发展的6个重要阶段……16

第四节 中国制造业发展现状以及未来主要任务 ……17

第五节 生产系统、机械制造系统及工艺系统 ……21

第六节 生产纲领与生产类型……23

第七节 机械制造方法……26

第三章 机械传动……30

第一节 带传动……30

第二节 链传动……35

第三节 齿轮传动……38

第四节 蜗杆传动……43

第五节 液压传动……45

第六节 气压传动……54

第四章　机械制造工艺装备……56
第一节　金属切削机床……56
第二节　金属切削刀具……76
第三节　机床夹具……91
第五章　当代先进机械制造技术……96
第一节　现代制造技术新理念……96
第二节　工业自动化制造技术……119
第三节　智能制造技术……135
参 考 文 献……167

第一章　机械设计

第一节　机器的组成

机器是人们根据某种使用要求而设计和制造的一种执行机械运动的装置，可用来变换或传递能量、物料和信息。一台完整的机器就其各部分功能而言，包括以下3个部分(见图1-1)。

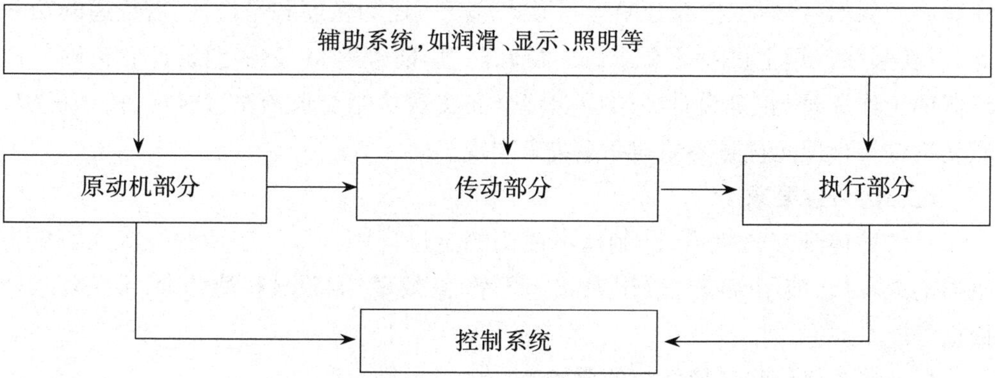

图1-1　机器的组成部分

原动机部分是驱动整台机器完成预定功能的动力源。常用的原动机有电动机、内燃机、水轮机、蒸汽轮机、液动机和气动机，其中电动机应用最为广泛。

传动部分是把原动机的运动和动力传递给工作机的中间装置，实现运动和动力的传递和变换，以适应工作机的需要。执行部分包括执行机构(工作机)和执行构件，通常处于机械系统的末端，用来完成机器的预定功能。

控制系统是使原动机部分、传动部分、执行部分彼此协调工作，控制或操纵上述各部分的启动、离合、制动、变速、换向或各部件运动的先后次序、运动轨迹及行程等，并准确可靠地完成整个机械系统功能的装置，包括机械控制、电气控制和液压控制等。

此外，根据机器的功能要求，还有一些辅助系统，如润滑、冷却、显示、照明等以及框架支撑系统(如支架、床身、底座等)。

随着科学技术的不断进步和计算机技术的广泛应用，现代机械正朝着自动化、精密化、高速化和智能化的方向发展。现代机器是由计算机信息网络协调与控制的,用于完成包括机械力、运动和能量转化等动力学任务的机械和(或)机电部件相互联系的系统。工业机器人是现代机器的典型。

第二节　机械设计的基本要求和一般程序

一、机械设计的基本要求

(一)实现预期功能要求

预期功能是指用户或设计者与用户协商确定下来的机械产品需要满足的特性和能力。例如,机器工作部分的运动形式、速度、运动精度和平稳性、需传递的功率等,以及某些使用上的特定要求(如自锁、防潮、防爆等)。这需要设计者正确分析机器的工作原理、正确设计或选用能够全面实现功能要求的执行机构、传动机构、原动机以及合理配置必要的辅助系统来实现。

(二)经济性要求

经济性体现在机械设计、制造和使用的全过程中。设计制造的经济性表现为机器的成本低,使用经济性表现为高生产率、高效率、能源材料消耗少、维护管理费用低等。

(三)劳动保护和环境保护的要求

设计时要按照人机工程学的观点,使机器的使用简便可靠,减轻使用者的劳动强度。同时,设置完善的安全防护及保安装置、报警装置等,使所设计的机器符合劳动保护法规的要求。改善机器及操作者周围的环境条件,如降低机器运转的噪声,防止有毒、有害介质的渗漏,以及对废水、废气进行有效的治理等,以满足环境保护法规对生产环境提出的要求。

(四)寿命和可靠性要求

任何机器都要求在一定的寿命下可靠地工作。人们对机器除了有习惯上的工作寿命的要求外,对可靠性也提出了明确的要求。机器的可靠性通过可靠度来衡量。机器的可靠度是指在规定的使用时间(寿命)内和预定的环境条件下,机器能够正常工作的概率。已有越来越多的机器设计和生产部门,特别是那些因机器失效而造成巨大损失的部门,如航空、航天部门,相继规定了在设计时必须对其产品,包括零部件进行可靠性分析与评估的要求。

(五)其他特殊要求

对不同的机器,还有一些为该机器所特有的要求。例如,对机床有长期保持精度的要求;对流动使用的机器(如钻探机械)有便于安装和拆卸的要求;对大型机器有便于运输的要求等。设计机器时,在满足前述共同的基本要求的前提下,还应着重满足这些特殊要求,以提高机器的使用性能。

二、机械设计的一般程序

(一)规划设计阶段

规划设计是机器设计整个过程中的准备阶段。在这个阶段,应对所设计机器的需求情况做充分的市场调查研究和分析,确定所设计机器需要实现的功能以及所有的设计要求和期望,并根据现有的技术、资料及研究成果,分析其实现的可能性,明确设计中的关键问题,拟定设计任务书。设计任务书的内容主要包括:机器的功能、主要参考资料、制造要求、经济性及环保性评估、特殊材料、必要的试验项目、完成设计任务的预期期限以及其他特殊要求等。正确分析和规划、确定设计任务是合理设计机械的前提。

(二)方案设计阶段

根据设计任务书提出的要求进行机器功能设计研究,确定执行部分的运动和阻力,选择原动机和传动机构,拟定原动机到执行部分的传动系统,绘制整机的运动简图,并进行初步的运动和动力计算,确定功能参数。根据功能参数,提出可能采用的方案。通常需做出多个方案加以分析比较,择优选定。

(三)技术设计阶段

根据方案设计阶段提出的最佳方案,进行技术设计,包括:机器运动学设计、机器动力学计算、零件工作能力设计、部件装配草图和总装配图的设计以及主要零件的校核,最后绘制零件的工作图、部件装配图和总装图,编制技术文件和说明书。

(四)试制定型阶段

通过鉴定评价,对设计进行必要的修改后进行小批量的试制和试验,必要时还应在实际使用条件下试用,对机器进行各种考核和测试。通过几次小批量生产,在进一步考察和验证的基础上将原设计进行改进之后,即可进行适用于成批生产的机器定型设计。

需要指出的是,机械设计的各个阶段是紧密相互关联的,某一阶段中发现问题和不当之处,必须返回到前面的有关阶段去修改。因此,机械设计过程是一个不断返回、不断修改,以逐渐接近最优结果的过程。

第三节　机械零件设计

一、机械零件设计的基本要求

第一,功能性要求。应保证零件有足够的强度、刚度、寿命及振动稳定性等。

第二,结构工艺性要求。设计的结构应便于加工和装配。

第三,经济性要求。设计时正确选择零件的材料、尺寸,零件应有合理的生产加工和使用维护的成本。

第四,安全可靠,操作方便。

二、机械零件的主要失效形式

机械零件由于某种原因不能正常工作称为失效,主要失效形式有以下几种:

(一)断裂

当零件在外载荷作用下,由于某一危险截面的应力超过零件的强度极限而导致的断裂,或在变应力作用下,危险截面发生的疲劳断裂。

(二)过量变形

机械零件受载工作时,必然会发生弹性变形。在允许范围内的微小弹性变形对机器工作影响不大,但过量的弹性变形会使零件不能正常工作,有时还会造成较大振动,造成零件损坏。

当作用于零件上的应力超过了材料的屈服极限,零件将产生塑性变形,造成零件的尺寸和形状改变,破坏零件和零件间的相互位置和配合关系,使零件或机器不能正常工作。

(三)零件的表面损伤

零件的表面损伤主要是接触疲劳(点蚀)、磨损和腐蚀。零件表面损伤后,通常都会增大摩擦,增加能量损耗,破坏零件的工作表面,致使零件尺寸发生变化,最终造成零件报废。零件的使用寿命在很大程度上受到表面损伤的限制。

(四)破坏正常工作条件引起的失效

有些零件只有在一定的工作条件下才能正常工作,若破坏了这些必备条件将发生不同类型的失效。例如,带传动工作中,当传递的有效圆周力大于摩擦力的极限值时将发生打滑失效;高速转动的零件,当其转速与转动系统的固有频率相一致时会发生共振,引起断裂;液体润滑的滑动轴承,当润滑油膜破裂时将发生过热、胶合、磨损等。

零件在工作时发生哪一种失效，与零件的工作环境、载荷性质等很多因素有关。有统计结果表明，正常工作情况下，机械零件的失效主要由疲劳、磨损、腐蚀等因素引起。

三、机械零件的设计准则

零件不发生失效时的安全工作限度称为零件的工作能力，为保证零件安全、可靠地工作，应确定相应的设计准则来保证设计的机械零件具有足够的工作能力。一般来讲，大体有以下设计准则：

（一）强度准则

强度准则是机械零件设计计算最基本的准则。强度是指零件在载荷作用下抵抗断裂、塑性变形及表面损伤的能力。为保证零件有足够的强度，计算时应保证危险截面工作应力σ或τ不能超过许用应力$[\sigma]$或$[\tau]$，即

$$\sigma \leqslant [\sigma] \text{或} \tau \leqslant [\tau]$$

满足强度要求的另一表达式是使零件工作时的实际安全系数S不小于零件的许用安全系数$[S]$，即

$$S \geqslant [S]$$

（二）刚度准则

刚度是零件受载后抵抗弹性变形的能力。为保证零件有足够的刚度，设计时应使零件在载荷作用下产生的弹性变形量y不得大于许用变形量$[y]$，即

$$y \geqslant [y]$$

弹性变形量y可按各种变形量的理论或实验方法来确定，而许用变形量$[y]$则应随不同的使用场合，根据理论或经验来确定其合理的数值。

（三）寿命准则

影响零件寿命的主要因素是腐蚀、磨损和疲劳，它们的产生机理、发展规律及对零件寿命的影响是完全不同的。迄今为止，还未能提出有效而实用的腐蚀寿命计算方法，所以尚不能列出腐蚀的计算准则。对磨损，人们已充分认识到它的严重危害性，并对其进行了大量的研究，但由于摩擦、磨损的影响因素十分复杂，产生的机理还未完全明晰，所以至今还未形成供工程实际使用的定量计算方法。对疲劳寿命计算，通常是求出零件使用寿命期内的疲劳极限或额定载荷来作为计算的依据。

(四)振动稳定性准则

机器中存在着许多周期性变化的激振源,如齿轮的啮合、轴的偏心转动、滚动轴承中的振动等。当零件(或部件)的固有频率f与上述激振源的频率f_p重合或成整数倍关系时,零件就会发生共振,导致零件在短期内被破坏甚至整个系统毁坏。因此,应使受激零件的固有频率与激振源的频率相互错开,避免共振。相应的振动稳定性的计算准则为

$$0.85f > f_p \text{或} 1.15f < f_p$$

若不满足振动稳定性条件,可改变零件或系统的刚度或采取隔振、减振措施来改变零件的振动稳定性。

(五)散热性准则

机械零部件由于过度发热,会引起润滑失效、胶合、硬度降低、热变形等问题。因此,对于发热较大的机械零部件必须限制其工作温度,满足散热性准则,如蜗杆传动、滑动轴承需进行热平衡计算。

(六)可靠性准则

对于重要的机械零件要求计算其可靠度,作为可靠性的性能指标。可靠度是指,一批零件,共有N_0个,在一定的工作条件下进行试验,如在时间t后仍有N_s个能正常工作,则这批零件在该工作条件下,达到工作时间t的可靠度R为

$$R = \frac{N_s}{N_0} = \frac{N_0 - N_f}{N_0} = 1 - \frac{N_f}{N_0}$$

式中N_f——在时间t内失效的零件数,$N_0 = N_s + N_f$。

四、机械零件的设计方法

机械零件的常规设计方法有以下3种。

(一)理论设计

理论设计是根据现有的设计理论和实验数据所进行的设计。按照设计顺序的不同,零件的理论设计可分为设计计算和校核计算。

1.设计计算

根据零件的工作情况和要求进行失效分析,确定零件的设计计算准则,按其理论设计公式确定零件的形状和尺寸。

2.校核计算

参照已有实物、图样和经验数据初步拟定零件的结构和尺寸,然后根据设计计算准则的理论校核公式进行校核计算。

(二)经验设计

经验设计是指根据对某类零件已有的设计与使用实践而归纳出的经验公式，或根据设计者的经验用类比法所进行的设计。经验设计简单方便，适用于那些使用要求变动不大而结构形状已典型化的零件，如箱体、机架、传动零件。

(三)模型实验设计

对于尺寸特大、结构复杂且难以进行理论计算的重要零件可采用模型实验设计。即把初步设计的零部件或机器做成小模型或小尺寸样机，通过实验的手段对其各方面的特性进行检验，根据实验的结果进行逐步修改，从而达到完善。这种方法费时、昂贵，适用于特别重要的设计。

五、机械零件设计的一般步骤

机械零件的设计大体要经过以下8个步骤：

第一，根据零件功能要求、工作环境等选定零件的类型。为此，必须对各种常用机械零件的类型、特点及适用范围有明确的了解，进行综合对比并正确选用。

第二，根据机器的工作要求，计算作用在零件上的载荷。

第三，分析零件在工作时可能出现的失效形式，确定其设计计算准则。

第四，根据零件的工作条件和对零件的特殊要求，选择合适的材料，并确定必要的热处理或其他处理方式。

第五，根据设计准则计算并确定零件的基本尺寸和主要参数。

第六，根据工艺性要求及标准化等原则进行零件的结构设计，确定其结构尺寸。

第七，结构设计完成后，必要时还应进行详细的校核计算，判断结构的合理性并适当修改结构设计。

第八，绘制零件的工作图，并写出计算说明书。

第四节 机械零件的材料及其选用

一、机械零件常用的材料

机械零件的常用材料可以分为金属材料、非金属材料和复合材料3大类。

(一)金属材料

在各类工程材料中，金属材料(尤其是钢铁)使用最广。据统计，机械产品中金属材料的使用占到了90%以上。钢铁之所以被大量采用，除了其具有较好的力学性能(如强度、塑性、韧性等)外,还因价格相对便宜和容易获得,而且能满足多种性能和用途的要求。在各类钢铁材料中,由于合金钢的性能优良,常用于制造重要的零件。

除钢铁以外的金属材料均称为有色金属及其合金。有色金属合金具有某些特殊性能,如良好的减摩性、耐磨性、抗腐蚀性、抗磁性、导电性等。在机械制造中主要应用的是铜合金、轴承合金和轻合金。

(二)非金属材料

非金属材料,可大致分为高分子材料和陶瓷材料。高分子材料主要有塑料、橡胶和合成纤维3大类。高分子材料的主要优点在于其有极强的化学稳定性,不易被氧化。以聚四氟乙烯为例,它具有很强的耐腐蚀性,化学稳定性极强,低温下不易变脆,沸水中不会变软,因此常被用于化工设备。但是由于高分子材料是有机材料,所以不少高分子材料不具备阻燃性,且易老化。以Si_3N_4和SiC为代表的工程结构陶瓷和以Ai_2O_3为代表的刀具陶瓷以其极高的硬度、高耐磨性、高耐腐蚀性、高熔点、大刚度等特点被广泛地应用在密封件、滚动轴承和切削刀具等结构中。但陶瓷材料的缺点是价格昂贵、加工工艺性差、断裂韧度低,这使得它的使用受到了极大的限制。

(三)复合材料

复合材料是由2种或2种以上具有不同的物理和力学性能的材料复合制成的,可以获得单一材料难以达到的优良性能。复合材料的主要优点是有较高的强度和弹性模量,而质量又特别小,但它也有耐热性差、导热性和导电性差的缺点。此外,复合材料的价格比较高,目前主要应用于航空、航天等高科技领域。

机械零件的常用材料绝大多数已标准化,可查阅有关的国家标准、设计手册等资料了解它们的性能特点和使用场合,以备选用。

二、机械零件材料选择的一般原则

机械零件材料的选择是一个比较复杂的技术经济问题,通常应考虑下述3方面要求。

(一)使用要求

机械所受载荷的大小、性质及其应力状况。如承受拉伸为主的机械零件宜选钢材;受压的机械零件宜选铸铁;承受冲击载荷的机械零件宜选韧性好的材料。

机械零件的工作条件。如高温下工作的应选耐热钢;在腐蚀介质中工作的应选耐蚀材料;表面处于摩擦状态下工作的应选耐磨性较好的材料。

机械零件尺寸和重量的限制。如受力大的零件,因尺寸取决于强度,一般而言，强度大的尺寸也相应增大，但如果在零件尺寸和重量又有限制的条件下，就应选用高强度的材料；载荷一般但要求质量轻的机械零件，设计时可采用轻合金或塑料。

（二）工艺要求

为使零件便于加工制造，选择材料时应考虑零件结构的复杂程度、尺寸大小和毛坯类型。结构复杂的零件宜选用铸造毛坯，或用板材冲压出结构件后再经焊接而成。结构简单的零件可用锻造法制取毛坯。

对材料工艺性的了解，在判断加工可能性方面起着重要的作用。铸造材料的工艺性是指材料的液态流动性、收缩率、偏析程度及产生缩孔的倾向性等。锻造材料的工艺性是指材料的延展性、热脆性及冷态和热态下塑性变形的能力等。焊接材料的工艺性是指材料的焊接性及焊缝产生裂纹的倾向性等。材料的热处理工艺性是指材料的可淬性、淬火变形倾向性及热处理介质对它的渗透能力等。冷加工工艺性是指材料的硬度、易切削性、冷作硬化程度及切削后可能达到的表面粗糙度等。

（三）经济性要求

材料的经济性不仅指材料本身的价格，还包括加工制造费用、使用维护费用等。提高材料经济性可从以下7方面加以考虑：①材料本身的价格。在满足使用要求和工艺要求的条件下，应尽可能选择价格低廉的材料，特别是对生产批量大的零件，更为重要。②材料的加工费用。如制造某些箱体类零件，虽然铸铁比钢板廉价，但在批量小时，选用钢板焊接反而更有利，因其可以省掉铸模的生产费用。③采用热处理或表面强化（如喷丸、碾压等）、表面喷镀等工艺，充分发挥和利用材料潜在的力学性能，减少和延缓腐蚀或磨损的速度，延长零件的使用寿命。④改善工艺方法，提高材料利用率，降低制造费用。如采用无切削、少切削工艺（如冷墩、碾压、精铸、模锻、冷拉工艺等），可减少材料的浪费，减少加工工时，还可使零件内部金属流线连续、强度提高。⑤节约稀有材料。如采用我国资源较丰富的锰硼系合金钢代替资源较少的铬镍系合金钢，采用铝青铜代替锡青铜等。⑥采用组合式结构，节约价格较高的材料。如组合式结构的蜗轮齿圈用减摩性较好但价贵的锡青铜，轮芯采用价廉的铸铁。⑦材料的供应情况。应选本地现有且便于供应的材料，以降低采购、运输、储存的费用。此外，应尽可能减少材料的品种和规格，以简化供应和管理。

第五节 机械设计中的标准化、系列化和通用化

机械零件的标准化是指通过对零件的尺寸、结构要素、材料性能、检验方法、设计方法及制图要求等,制定出被大家共同遵守的标准。在机械设计中,应该尽可能采用有关标准。常用的标准包括:①各种零部件标准,如螺栓、螺母、垫圈、键、花键和滚动轴承标准。②零件参数标准,如标准直径、齿轮模数、螺纹形状和各种机械零件的公差等。③零件设计方法标准,如渐开线圆柱齿轮承载能力计算方法、普通V带传动设计等。④材料标准,如各种材料的牌号、型钢的形状和尺寸等。

目前,已发布的与机械零件设计有关的标准,从运用范围上来讲,可分为国家标准、行业标准和企业标准,从使用的强制性来说,可分为必须执行的(有关度、量、衡及涉及人身安全等标准)和推荐使用的(如标准直径等)。

对于同一产品,为了符合不同的使用条件,在同一基本结构或基本尺寸条件下,规定出若干个辅助尺寸不同的产品,成为不同的系列,称为产品的系列化。例如,对于同一结构、同一内径的滚动轴承,制出不同外径及宽度的产品,称为滚动轴承系列。不同种类的产品或不同规格的同类产品中可采用同一结构和尺寸的零部件,称为产品的通用化。例如,不同的汽车可采用相同的内燃机。

标准化、通用化、系列化简称机械产品的“三化”。贯彻“三化”可以实现:减轻设计工作量,提高设计质量并缩短生产周期;减少刀具和量具的规格,便于设计与制造,从而降低成本;便于组织标准件的规模化、专门化生产,易于保证产品质量,节约材料,降低成本;提高互换性,便于维修;便于国家的宏观管理与调控以及内外贸易;便于评价产品质量,解决经济纠纷。

第六节 现代机械设计方法

现代机械设计方法是相对于传统设计方法而言的。由于现代设计方法尚处于不断发展中,尚无明确的定义域界,但其一般性发展规律却是有据可循的。从整体上来说,现代设计方法是一个综合运用现代应用数学、应用力学、电子信息科技等方面的最新的研究成果与技术手段来辅助完成设计,使设计更加趋近精确、可靠、高效、节能。6种在机械设计中应用较广的现代设计方法如下。

一、模块化设计

相比于传统的串行设计，模块化设计可以实现并行设计，使得设计周期可以大幅缩短。同时，模块化设计也方便产品的功能更新以及产品功能的多样性。同时，依据一个好的设计平台，模块化设计可以增强不同功能的机器间零件的通用化，进而大幅度降低产品成本，提高产品质量。

二、优化设计

优化设计，是将设计中的物理模型转化为数学模型，然后采用数学最优化理论，利用计算机等辅助工具求解出最优解。通过对最优解的分析评价结论来指导确定最优的设计方案。优化设计可以实现多个变量目标综合，达到系统整体的最优化最精确设计。

三、计算机辅助设计

计算机辅助设计，通常是利用CAD等强大的计算机软件的快速精确、逻辑判断等功能进行设计信息处理。CAD与计算机辅助制造(CAM)结合形成CAD/CAM系统，再与计算机辅助测试(CAT)、计算机管理自动化结合形成计算机集成制造系统(CIMS)，综合进行市场预测、产品设计、生产计划、制造和销售等一系列工作，实现人力、物力和时间等各种资源的有效利用，有效地促进了现代企业生产组织、管理和实施的自动化、无人化，使企业总效益提高。

四、人机工程学设计

人机学设计是从人机工程学的角度考虑机械设计，处理机械与人的关系，使设计满足人的需要。该方法用系统论的观点来研究人、机器和环境所组成的系统，研究组成3要素及其相互关系。人机学设计研究的重点是人，从研究人的生理和心理特征出发，使系统中的3要素相互协调，以便促进人的身心健康，提高人的工作效能，最大限度地发挥机器的优势。

五、机械动态设计

机械动态设计是根据机械产品的动载工况，以及对该产品提出的动态性能要求与设计准则，按动力学方法进行分析与计算、优化与试验并反复进行的一种设计方法。该方法的基本思路是，把机械产品(系统或设备)看成一个内部情况不明的黑箱，根据对产品的功能要求，通过外部观察，对黑箱与周围不同的信息联系进行分析，求出机械产品的动态特性参数，然后进一步寻求它们的机理和结构。

六、机械系统设计

机械系统设计是应用系统的观点进行机械产品设计的一种设计方法。传统设计只注重机械内部系统设计，且以改善零件的特性为重点，对各零件之间、内部系统与外部系统之间的相互作用和影响考虑较少。机械系统设计则遵循系统的观点，研究内外系统和各子系统之间的相互关系，通过各子系统的协调工作、取长补短来实现整个系统最佳的总功能。

综上，现代机械设计方法是一种动态取代静态、定量取代定性、优化设计取代可行性设计、模块化设计取代串行设计、系统工程取代部分处理、自动化取代人工、综合运用已有的资源不断向前发展的设计方法。其本质是追求更高的效益，更恰当的设计，不断开拓设计人员的视野，集中精力创新发展并开发出更多的高新技术产品以满足社会、经济、国防等诸多方面的发展需要。

第二章 机械制造

第一节 制造、制造技术、制造业

制造是人类用双手或借助于一定的工具，运用主观掌握的知识和技能，按所需目的将制造资源转化为可供人们使用或利用的产品，并投放市场的全过程。

完成机械制造活动的过程，即将毛坯、半成品转变为机械产品的机械制造过程中所采用的一切手段即为机械制造技术。机械制造技术是机械制造过程中所涉及技术的总称，它包括以下内容：①以材料成型为核心的金属与非金属材料成型技术，如铸造、焊接、锻造、冲压、注塑及热处理。②以切削为核心的机械冷加工技术和机械装配技术，如车削、铣削、磨削等。③特种加工技术，如电火花、电解加工、超声波加工、激光加工、离子束加工等。

现代机械制造技术涵盖机械科学、系统科学、信息科学、材料科学和控制科学，具有以下特点：①机械制造科学是由机械、计算机、信息、材料、自动化等学科有机结合而发展起来的一门跨学科的综合科学，随着对象和时间的改变，其功能结构及信息系统也不同。②柔性、集成、并行工作。现代机械制造系统具有多功能性和信息密集性，能够制造生产成本与批量无关的产品，能按订单制造，满足产品的个性要求。③制造智能化。能够代替熟练工人的技艺，具有学习工程技术人员多年实践经验和知识的能力，并用以解决生产实际问题。智能制造系统能发挥人的创造能力并具有人的智能和技能，强调“以人为系统的主导者”这一总体概念。在智能制造系统中，智能和集成并列，集成是智能的重要支撑，反过来智能又促进集成水平的提高。④设计与工艺一体化，传统的制造工程设计和工艺分步实施，造成了工艺从属于设计、工艺与设计脱离等现象，影响了制造技术的发展。产品设计往往受到工艺条件的制约，受到制造可靠性、加工精度、表面粗糙度、尺寸等限制。因此，设计与工艺必须密切结合，要以工艺为突破口，形成设计与工艺的一体化。⑤精密加工技术是关键，精密和超精密加工技术是衡量先进制造技术水平的重要指标之一。当前，纳米加工技术代表了制造技术的最高精度水平。⑥产品生命周期的全过程。现代制造技术是一个从产品概念开始，到产品形成、使用，一直到处理报废的集成活动和系统。在产品的设计中，不仅要进行结构设计、零件设计、装配设计，而且特别强调拆卸设计，使产品报废处理时，能够进行材料的再循环，从而节约能源，保护环境。⑦人、组织、技术三结合，现代制造技术强调人的创造性和作用的永恒性；提出了由技术支撑转变为人、组织、技术的集成；强调了经营管理、战略决策的作用。在制造工业战略决策中，提出了市场驱动、需求牵引的概念，强调用户是核心，用户的需求是企业成功的关键，并且强调快速响应市场需求的重要性。

用机械制造技术从事机械产品制造的行业称为制造业。制造业的发展程度直接体现了一个国家的生产力水平，是区别发展中国家和发达国家的重要因素。制造业在世界发达国家的国民经济中占有重要份额。

制造业包括：产品制造、设计、原料采购、设备组装、仓储运输、订单处理、批发经营、零售。制造业是将已获取的物质资源作为劳动对象，通过加工、制作、装配等环节以形成新部件、新产品的工业部门。制造业主要有冶金工业、机械工业、食品工业、纺织工业、电子工业等。

从发展历史来看，制造业分为加工制造业和装备制造业。大批量、标准化、生产线是加工制造业的最重要的特点。在工业化发展过程中，加工制造业最基本的竞争方式就是成本和价格的竞争。技术达到一定水平，质量达到一定标准，如果产品之间没有差异，价格竞争的最后结果就是没有利润。

制造业不仅仅是采购和销售而已，还包括了将价值较低的材料转换为价值较高的产品。所以制造业的特色有以下2点：一是供货商的材料经工厂装配或加工后流到顾客的手上，二是这些信息流动到所有相关的部门，而时间是制造业流程中最重要、最宝贵的资源。将材料转变为成品的时间愈短，制造业所获得的利益就愈高。所以，对信息系统而言，做到快速反应(quick response)和敏捷(agility)是制造业信息化成功的关键因素。

制造业是现代工业的基石，随着信息技术、新能源、新材料等重要领域和前沿方向的革命性突破和交叉融合，新一轮产业变革正在酝酿。现代制造业的核心是智能制造。2015年，我国出台《中国制造2025》，全面推进实施制造强国战略，这是我国实施制造强国战略的第一个十年的行动纲领，文件强调：加快推动新一代技术信息与制造技术融合发展，把智能制造作为“两化”深度融合的主攻方向；着力发展智能装备和智能产品，推进生产过程智能化，培育新型生产方式，全面提升企业研发、生产、管理和服务的智能化水平。

第二节 机械制造技术的重要性

机械制造业是国民经济的基础产业。它的各项经济指标占全国工业的1/5～1/4,它的发展直接影响到国民经济各部门的发展,也影响到国计民生和国防力量的加强。因此,各国都把机械制造业的发展放在首要位置,努力提高本国机械制造技术。随着机械产品国际市场竞争的日益加剧,各大公司都把高新技术注入机械产品的开发中,作为竞争取胜的重要手段。

工业是国民经济的主导产业。没有好的机械制造技术,就没有好的工业,没有巩固的国防,何谈人民的幸福、国家的富强。所以,提高机械制造技术,实现国家工业化,进而实现工业、农业、科学技术和国防的现代化,是世界各国发展本国经济,改变落后面貌,走向独立、实现国富民强的普遍道路。

近代工业是从手工业发展起来的。18世纪兴起的第一次产业革命,使机器和机器体系取代了手工劳动而成为近代大工业的技术基础。也是直到这个时候,工业才最终成为一个独立的并在整个社会生产过程中发挥主导作用的社会物质生产部门。机器的广泛使用,必然要求用机器生产机器。19世纪初诞生的近代机器制造业,将机械化生产推广到了工业的各个部门,促进了能源产业、原料工业以及国民经济其他部门的发展,改变了工业和农业生产的面貌。

机械设备、生产工具作为社会生产力发展水平的物质标准,作为自然科学等知识形态的生产力转化为直接的现实的生产力的载体,作为人类社会认识自然和改造自然的物质手段,是近代社会新的生产力的代表,是人类社会不断发展的技术基础。近代世界技术、经济的发展历史证明,每一次重大的技术、经济变革,无不是从新机器的发明开始的。而每一项重要新机器的发明,从蒸汽机、电动机到原子能设备、电子计算机,都把生产力向前推进了一大步,都把社会生产提高到了一个新水平。与此同时,机械工业本身也在2个多世纪的发展过程中,成长为现代化工业中门类众多的大工业部门,在国民经济中占据日益重要的地位。

机械工业作为一个生产机器设备、生产工具的工业部门,在国民经济的发展中担负着十分重要的任务。首先,机械工业是国民经济的“装备部”:农业、重工业、轻工业、交通运输业、邮电业、商业以及国防建设和科学文教卫生事业的发展,都需要机械工业提供多样的、符合需要的装备。其次,机械工业是国民经济的“改造部”:一个国家要使整个国民经济建立在现代化的基础上,就需要依靠技术进步,不断地对国民经济各个部门进行技术改造，这就要求机械工业不断向国民经济各个部门提供先进的现代化技术装备，以保证国民经济技术改造的需要。最后，机械工业是国民经济的"服务部"：它不仅要为重工业服务，而且要为农业、轻工业和国民经济其他部门服务；不仅要为基本建设服务，而且要为现有企业的挖潜、革新、改造服务；不仅要为满足国内需要服务，而且要为扩大出口服务；不仅要为生产建设提供劳动手段，而且要为满足人民生活的需要向市场提供坚固耐用、物美价廉的消费品。机械工业的性质、任务决定了机械制造业是国民经济赖以发展的基础，在国民经济的发展中占有很重要的地位。机械制造业是国家经济实力和科技水平的综合体现，是每一个国家任何时候都不能掉以轻心的关键行业，而其中最根本的就是要提高本国的机械制造技术水平。

纵观历史，人类社会的每一个发展都与制造技术进步密切相关，可以说人类的发展过程就是一个制造技术不断进步的过程。

放眼世界，发达国家无不具有强大的制造业。机械制造技术是制造业的支柱，是制造企业持续发展的根本动力，是所有技术的重中之重。美国生产力与质量中心所做的一项调查表明，在企业生产力构成中，制造技术的作用约占62%。

反观周遭，从衣食住行、身体健康，到文化娱乐，再到国家安全，机械制造技术对我们的影响无所不在。制造业的社会功能如图2-1所示。

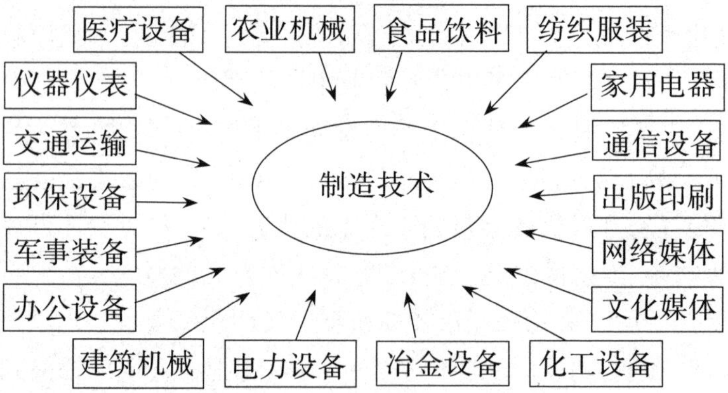

图2-1　制造业的社会功能

第三节　近代机械制造业发展的6个重要阶段

第一个阶段，18世纪70年代，瓦特改良蒸汽机，使机器代替了手工劳动，标志着第一次工业革命兴起，实现了原始的工场手工业向大工业的过渡，极大地提高了生产效率，工业化大生产从此开始。

第二个阶段，19世纪中叶，电磁场理论的建立为发电机和电动机的生产奠定了基础，从而迎来了电气化时代。以电力为动力源，使机械结构发生了重大变化。与此同时，互换性理论和公差应运而生。机械制造业随之发生了重大变革，并进入了快速发展时期。

第三个阶段，20世纪初，福特发明第一条生产线，把生产工序分成一个个的环节，工人的分工变得细致，产品的质量和产量得到大幅提高，从而极大地促进了生产工艺工程和产品的标准化。福特发明的汽车生产流水线以标准化、大批量生产来降低生产成本，提高生产效率的方式适应了美国当时的国情，汽车业迅速成为美国的第一支柱产业。

第四个阶段，第二次世界大战以后，电子计算机和集成电路的出现，以及运筹学、现代控制论、系统工程等软科学的产生和发展，使机械制造业产生了一次新的飞跃。传统的自动化生产方式只有在大批量生产的条件下才能实现，而数控机床的出现则使中小批量生产自动化成为可能。科学技术的高速发展，促进了生产力的极大提高。传统的大批量生产方式已难以满足市场多变的需求。多品种、中小批量生产日渐成为制造业的主流生产方式。

第五个阶段，20世纪80年代后，信息产业的崛起和通信技术的发展加速了市场的全球化进程，市场竞争更加激烈。为了适应新的形势，在机械制造领域提出了许多新的制造理论和生产模式，如计算机集成制造、并行工程和敏捷制造等。

第六个阶段，进入21世纪，机械制造业正向自动化、精密化、柔性化、集成化、智能化和绿色化的方向发展。

第四节　中国制造业发展现状以及未来主要任务

1949年，我国制造业的产出仅占全球的0.3%；1990年，我国制造业的产出占全球的2.7%，居世界第九；2000年上升到6.0%，居世界第四；2007年达到13.2%，居世界第二；2010年为19.8%，跃居世界第一。2014年，我国制造业的产出占全球的20.8%。自19世纪中叶迄今，经历了一个半世纪的历程，我国又重新回到世界第一制造业大国的地位。2014年，我国共有100家企业入选财富世界500强，其中制造业企业占56家。2016年，我国制造业的产出占全球的25%，而且还在上升。2016至2019年，中国制造业增加值占全球份额达28%以上。2022年，我国制造业增加值占全球比重近30%。

改革开放以来，我国制造业发展迅速，现已成为世界第一制造大国。目前，在500多种主要的工业产品中，我国有200多种产品的产量位居世界第一。中国制造业正处在由低级向高级发展的中坚阶段。宏观上看，我国制造业发展很快，以至于现在有了“中国已经成为世界工厂”的说法。这种说法有2个依据：一是制造业对我国出口的贡献；二是制造业的发展速度。目前，我国已达到工业化的中级阶段。

2018年，中国人工智能市场规模为17.6亿美元，预计到2027年，这一规模将达到134亿美元。目前，中国拥有世界规模最大的高铁列车系统，它是人工智能技术与传统列车技术的结合，可以每秒处理数十万业务量，每小时处理数百万客流量的数据。

中国是全球最早将5G商用服务落地的国家之一，中国的通信行业引领着全球的5G技术趋势。早在2019年9月初，华为在全球范围内就已获得50多个5G商用合同，与世界共享中国的创新成果。5G带来的不仅是更快的速度和海量的数据，它还是驱动人工智能技术的有力引擎，工业互联网、物联网、车联网等人工智能应用场景都离不开5G的支持。

改革开放以后，我国制造业取得了长足的进步，在很多方面已经处于世界领先水平。但总体来说，我国与美国、德国和日本等先进国家相比还有一定的差距。2022年12月发布的《2023中国制造强国发展指数报告》指出，中国位列美国、德国和日本之后，排在世界第三阵列（又称第三梯队），如表2-1所示。《中国工业经济发展形势展望（2020）》白皮书指出，虽然在世界500种主要工业产品中，中国有200多种产品的产量位居世界第一，从2010年起连续保持世界第一工业大国的地位，产业结构也在优化，但在关键核心技术上受制于人，在核心基础零部件、关键基础材料、基础技术和工业等产业对外依存度在50%以上；集成电路的进口依赖占比为80%，大型优质铸锻件的进口占比为90%，高档液压件、密封件的进口占比接近100%。此外，产业链稳定风险在加大，芯片、功率元器件的国际供应仍然紧张。

表2-1　2022年各制造强国发展指数

阵列	第一阵列	第二阵列		第三阵列				其他	
国家	美国	德国	日本	中国	韩国	法国	英国	印度	巴西
指数值	182.06	125.65	126.29	124.64	80.16	69.37	64.85	45.99	32.64

我国纺织、服装、钢铁、电解铝、电器、水泥等行业的产能和产量已经居于世界

首位，汽车、造船、技术装备制造等方面的产能和产量也已经接近世界首位。虽然拥有强大的制造能力值得欣慰，但要维系这个制造系统的运行，需要保证原料和能源的供应，需要拓宽市场渠道。目前，我国面临的危机是：国际供应的原材料和能源价格连年上涨，国外市场非关税壁垒日益严重。我国制造业的核心技术和高端技术很多都掌握在外资手里，制造出了产品，但利润绝大部分被外资拿走，我们只是做些加工贸易的装配工作。我国有些制造业技术还比较粗放，典型的特征是：高耗能、低附加值。我国的企业规模不大，需要形成很多像华为那样强有力的在世界上有足够影响力的制造业企业。我国应该统一产品标准和行业标准，内需产品要形成统一的市场。

我国要想独立发展壮大自己的制造业，就要在与外资合作的同时，积极学习吸收，抓紧研发创新。政府要提供相应的政策支持，企业要有长远的规划与准备。我们应该改变观念，把满足于制造升级为乐于创造。立足当下，放眼长远，勤于学习，自主创新！这只是观念和原则，具体的应对措施如下：①要鼓励技术研发部门积极与企业合作，尽快促进技术成果转化，使企业的发展前景更加明朗，更有希望。②要给予勇于创新的企业支持和鼓励，如在一些重点工程和国有企业采购项目中，对国内创新技术予以优先采用或减免税收待遇等。③要把国内企业知识产权的保护工作做好，使企业的创新成果不被侵害。有了创新技术，企业就有了发展前景，制造业自然也就有了辉煌的明天。

政府应增加节能环保产业投入，企业应注重培养创新型人才，研发环保节能产品，使节约渗入每一项产品的制造过程。这也就是经济学中的激励理论，激励是指人们做一项活动时所附带的奖励和惩罚。奖励即边际收益，而惩罚即边际成本。对激励做出反应，是指当激励发生变化时，人们的行为也会发生变化。由于人们通过权衡某一活动的边际收益和边际成本来决策，因此当边际收益或边际成本发生变化时，人们的决策也会发生变化。当政府增加投入，减少该方面的税收，企业采取激励政策，就是对高新技术的支持。优化产业结构，促进制造业结构升级。目前，中国劳动力密集产业的国际比较优势已经确立，但是要在国际产业分工中占据竞争优势，一方面必须优化现有的产业结构，建立符合国际产业发展趋势的产业结构，大力发展高附加值、高效益的新兴产业；另一方面要在全球产业价值链中抢占高技术和高附加值生产环节，加强优势产业的技术含量，对传统的劳动密集型产业进行技术改造，实现优势产业结构自身的升级。将我国传统的劳动密集型产业的比较优势转化为国际市场上的竞争优势；鼓励技术创新，发挥后发优势，促进产业结构的高效化。

集群内大量专业化企业集聚在一起，使区域实现了规模生产企业之间高度的分工协作，使整体的生产效率提高，产品品质提高，市场需求巨大，交易能力增强，使整个产业集群获得一种外部规模的经济效应。人们在做出理性选择时会权衡成本和收益，但此成本和收益并非总成本和总收益，而是边际成本和边际收益。所谓边际量，是指增量。因此，边际成本是指增加1单位活动所导致的成本，而边际收益是增加1单位活动所带来的收益。集群化使得边际成本不增反减。集群化发展的现实理由是对规模经济和外部经济效应的追求，产业集群内众多的媒介企业在产业上具有关联性，能共享诸多产业要素，包括专业人才、市场、技术和信息等，一些互补产业则可以产生共生效应，集群内的企业因此获得规模经济和外部经济的双重效益。在集群内，各企业在发展过程中的外部效应表现在共享公共资源、技术管理方法快速扩散、市场集聚和辐射作用等方面。中小企业也可以从集群的庞大销售网络中分享中间品和最终消费品，提升在营销方面的外部经济效应。这样，有利于优化资源配置，降低生产成本，提高资源的使用效率。此外，集群形成后通过树立“区位品牌”，在消费者中间形成一个良好的品牌形象，增强消费者的购买欲望，扩大市场竞争优势。同时，在产品的生产和销售过程中，集群内企业可以利用集群的优势选择产品差异化战略，满足消费者对产品的个性化需求，获取市场竞争优势。

站在十字路口，中国企业必须走价值提升之路，唯有加快结构转型才能冲破瓶颈。相比于在中国开设旗舰店的部分国外产品(如芭比娃娃、Apple电子产品等)可以发现，中国产品的附加值普遍较低。中国是世界工厂，但并不是世界级工厂。中国的产品形象和产品质量有待提高。在全球金融危机之前，中国中小企业并非依靠技术创新，而主要依靠低劳动力成本、低价格和数量竞争，缺少全球式的品牌竞争力，这就要求企业具备国际视野，推出制造资本的国际化路线图，同时亟待推进钻、精、深、细的发展，提升企业品牌。低成本、价格战、恶性竞争是中国制造业这些年走来的主要路径，但是长远来看，压缩成本不是中国制造业未来发展的最具潜力、最具前景的一条路，相反，价值创新(即考虑投入更多的成本获得更高的附加值)才是明智之路。

综上所述，我们必须将机制创新、制度创新与技术创新融于一体，才能使我国制造业延续目前高速、高质量发展形势。世界制造业市场是广阔的，而中国作为制造业大国，必须把握机会，明确自己与发达国家制造业方面的差距，并根据国情加以改进，为制造业和制造技术的快速发展营造良好的大环境。

中国制造业发展的方向包括加快发展国计民生、涉及国家经济安全且对工业结构调整有重大影响的重大技术装备及基础零部件；发展为农业现代化服务的先进适用的装备；重点开发符合安全、节能、清洁排放要求的汽车；尽快提高数控机床产品的性能、质量和可靠性，扭转我国高速、高效、高精度数控机床长期依赖进口的局面；加速发展工业自动化控制系统和仪器仪表；重点开发具有自主知识产权的敏捷制造技术和应用软件，增加数字化、智能化、网络化机电产品品种。

第五节　生产系统、机械制造系统及工艺系统

机械制造企业的生产过程和生产活动十分复杂，包括从原材料到成品所经过的毛坯制造、机械加工、装配和检验整个的生产过程及开发设计、计划管理、经营决策等所有的生产活动，是一个有机的、集成的生产系统。

一、生产系统

生产系统是由原材料进厂到产品出厂的整个生产、经营、管理过程。生产系统分为3个层次：决策层、计划管理层和生产技术层，如图2-2所示。

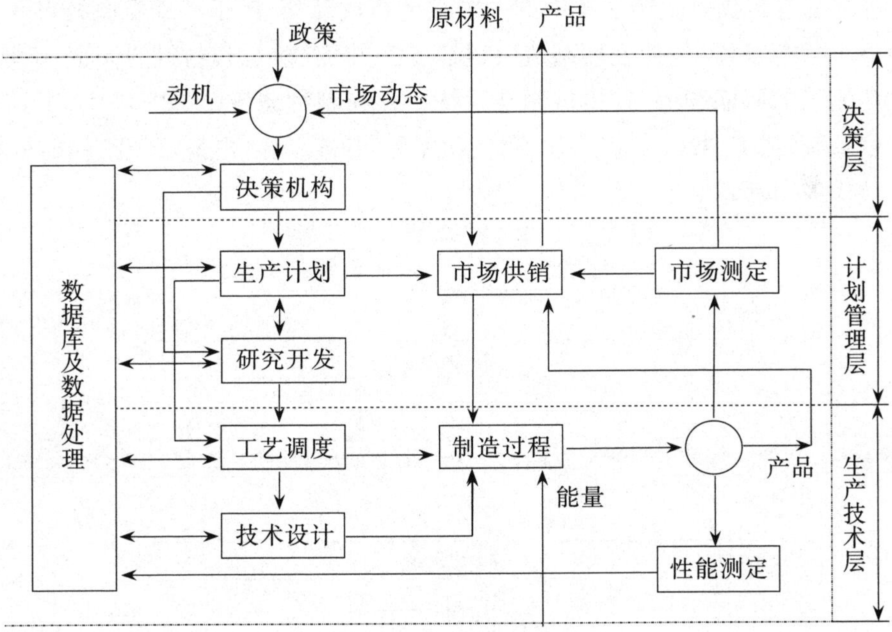

图2-2　生产系统的3个层次

二、机械制造系统

制造技术与系统论、方法论、信息论、控制论和协同论相结合，形成了新的制造

学科即制造系统工程学，其体系结构如图2-3所示。

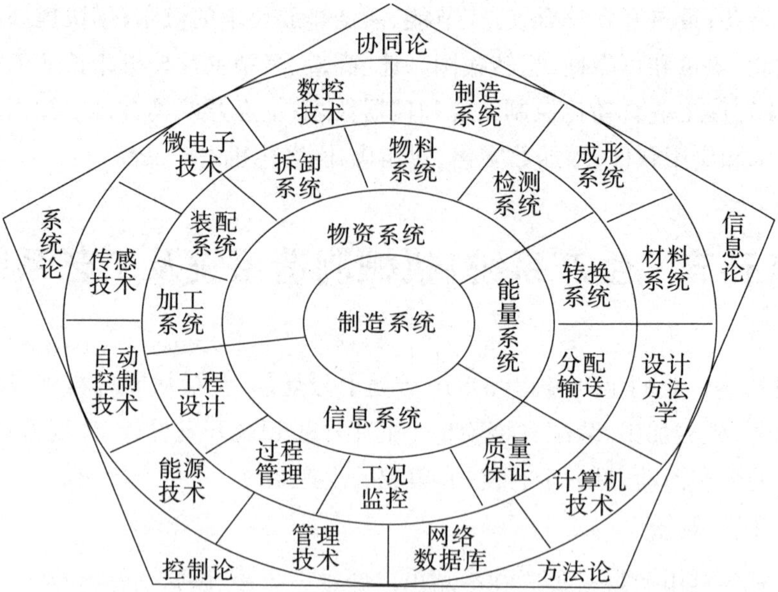

图2-3 制造系统工程学体系结构

机械制造系统是生产系统中的一个重要组成部分，用于完成由原材料变为产品的整个生产过程，包括毛坯制造、机械加工、装配、检验和物料的储存、运输等。按生产流程的职能和流向，机械制造系统中存在着物质流（工件、机床、工具和夹具）、信息流（加工方法、工艺过程、数控程序等）和能量流（电能、风能、核能等）3类流动，如图2-4所示。

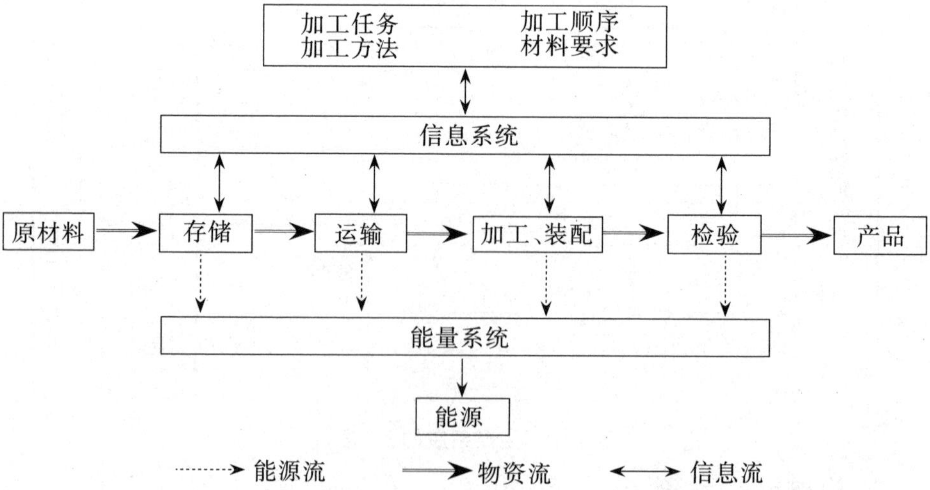

图2-4 机械制造系统中的物质流、信息流和能量流

物质流用于改变物料的形态和地点;信息流用于规划、指挥、协调和控制物料的流动,使机械制造系统有效地运行;能量流为生产活动提供能量,保证生产活动正常进行。

三、工艺系统

机械加工工艺系统由金属切削机床、刀具、夹具和工件4个要素组成,它们彼此关联、相互影响。该系统的整体目的是在特定的生产条件下,适应环境的要求,在保证机械加工工序质量和产量的前提下,采用合理的工艺过程,降低该工序的加工成本。

第六节 生产纲领与生产类型

机械产品是指机械厂家向用户或市场所提供的成品或附件,如汽车、发动机、机床等。任何机械产品按传统习惯都可以看作由若干部件组成,而部件又可分为组件、套件,直至最基本的零件单元。

机械产品生产的相关知识包括:生产流程、生产纲领、生产类型。

一、机械产品的生产流程

机械产品的生产流程是指把原材料变为成品的全过程,它一般包括:生产与技术的准备、零件的加工、产品的装配和生产的服务。

二、机械产品的生产纲领

生产纲领是指企业在计划期内应当生产的产品产量和进度计划。企业的计划期常定为一年,因此生产纲领常被理解为企业一年内生产的产品数量。

零件的年生产纲领可按下式计算:

$$N = Q_n(1 + \alpha)(1 + \beta)$$

式中,Q——年产量;n——每台产品中该零件的数量;α——零件的备品率,%;β——废品率,%。

特别说明如下:

备品率又称备品百分率,它是为了保证生产不受意外因素而设置的安全系数,它必须是正品,因此备品数量应该是Q乘以α。所以,实际上必须生产正品$Q_n(1 + \alpha)$。

废品率又称废品百分率,它反映工厂的生产质量。因为备品在生产过程中也会出现废品，所以为了保证正品数量 Q 和备品数量 $Q_n(1+\alpha)$，生产总数量必须是 $Q_n(1+\alpha)(1+\beta)$。

所以 α 和 β 是两个不同的概念，不能相加。

上式中，Q_n 表示产品所需零件的年产量；$Q_n(1+\alpha)$ 表示产品所需正品零件及备件的年产量；$Q_n(1+\alpha)(1+\beta)$ 表示产品所需零件的实际年产量。

【实例】某汽车厂年生产某款汽车10万辆，每辆汽车有4根发动机连杆，假设生产备品率10%，废品率1%，求该厂汽车发动机连杆的年生产纲领。

解：已知该厂汽车年生产量 $Q=100000$ 辆，备品率 $\alpha=10\%$，废品率 $\beta=1\%$，则发动机连杆生产纲领：

$$\begin{aligned} N &= Q_n(1+\alpha)(1+\beta) \\ &= 100000 \times 4 \times (1+0.1) \times (1+0.01) \\ &= 444400\text{（件）} \end{aligned}$$

答：该厂汽车发动机连杆的年生产纲领为444400件。

生产纲领对生产组织和生产过程起着重要的作用，它决定了各工序所需专业化和自动化的程度，决定了应选用的工艺方法和工艺装备。因此，生产纲领是制定和修改机械加工工艺规程的重要依据。

三、机械产品的生产类型

生产类型是指企业（或车间、工段、班组、工作地）生产专业化程度的分类。根据一定时间内产品的大小和特征、生产纲领及批量，生产类型可分为单件生产、成批生产、大量生产3种类型。

（一）单件生产

单件生产的产品年产量较小，但产品品种多。生产中试制及工装的制造便属于该类型。单件生产中，一般较多采用普通设备及标准附件，极少采用专用工装，常靠试切、划线等方法保证加工精度。因此，单件加工质量不稳定，主要取决于操作者技术水平高低，生产效率不高。

（二）成批生产

成批生产的产品有一定数量，分批投入制造，生产具有周期性，机床设备的生产便属此类型。成批生产上设备选用时，通用、专用设备相结合，工装应用上通用与专用兼顾，工艺方法应用较灵活。

（三）大量生产

大量生产的产品产量很大，品种单一而固定，大多工作地长期重复同一工作内容，如轴承等标准件的生产属此类型。大量生产时，广泛采用专用机床、自动机床、自动生产线及专用工装，加工过程自动化程度高、效率高、质量稳定。

成批生产一般又可分为小批、中批、大批3种，在工艺上小批生产接近于单件生产，大批生产接近于大量生产，故生产中又常按单件小批、中批及大批大量生产来划分生产类型。生产类型的划分除了与生产纲领有关外，还应考虑产品的大小及复杂程度，如表2-2所示。

表2-2　生产类型划分的依据

生产类型	零件的年生产纲领/件		
	重型零件	中型零件	轻型零件
单件生产	≤5	≤20	≤100
小批生产	5 ~ 100	20 ~ 200	100 ~ 500
中批生产	100 ~ 300	200 ~ 500	500 ~ 5000
大批生产	300 ~ 1000	500 ~ 5000	5000 ~ 50000
大量生产	> 1000	> 5000	> 50000

零件的类型可根据质量确定，如表2-3所示。

表2-3　零件类型确定依据

机械产品类型	加工零件的质量/kg		
	轻型零件	中型零件	重型零件
电子工业机械	< 4	4 ~ 30	> 30
机床	< 15	15 ~ 50	> 50
重型机械	< 100	100 ~ 2000	> 2000

不同的生产类型，其工艺特征也不同，如表2-4所示。

表2-4　机械产品各种生产类型的工艺特征

工艺特征	生产类型		
	单件小批生产	中批生产	大批大量生产
加工对象	经常变换	周期性变换	固定不变
零件的互换性	用修配法，钳工修配，缺乏互换性	大部分具有互换性，装配精度要求高时，灵活应用分组装配法和调整法，同时还保留某些修配法	具有广泛的互换性，少数装配精度较高处，采用分组装配法和调整法

表2-4（续）

工艺特征	生产类型		
	单件小批生产	中批生产	大批大量生产
毛坯的制造方法与加工余量	木模手工造型或自由锻造。毛坯精度低，加工余量大	部分采用金属模铸造或模锻。毛坯精度和加工余量中等	广泛采用金属模机器造型、模锻或其他高效方法。毛坯精度高，加工余量小
机床设备及其布置形式	通用机床。按机床类型采用机群式布置	部分通用机床和高效机床。按工件类别分工段排列设备	广泛采用高效专用机床及自动机床。按流水线和自动线排列设备
工艺装备	大多采用通用夹具、标准附件、通用刀具和万能量具。靠划线和试切法达到精度要求	广泛采用夹具，部分靠找正装夹达到精度要求，较多采用专用刀具和量具	广泛采用专用高效夹具、复合刀具、专用量具或自动检验装置。靠调整法达到精度要求
对工人技术要求	需要技术水平较高的工人	需要一定技术水平的人	对调整工的技术水平要求高，对操作工人的技术水平要求较低
工艺文件	有工艺过程卡，关键工序要有工序卡	有工艺过程卡，关键零件要有工序卡	有工艺过程卡和工序卡，关键工序要有调整卡和检验卡
成本	较高	中等	较低

第七节　机械制造方法

机械制造方法是指使原材料改变其形状或特性最终形成产品的方法。制造方法的分类如图2-5所示，一般包括机械加工与机械装配2方面，而机械加工与装配中又有多种不同方法。

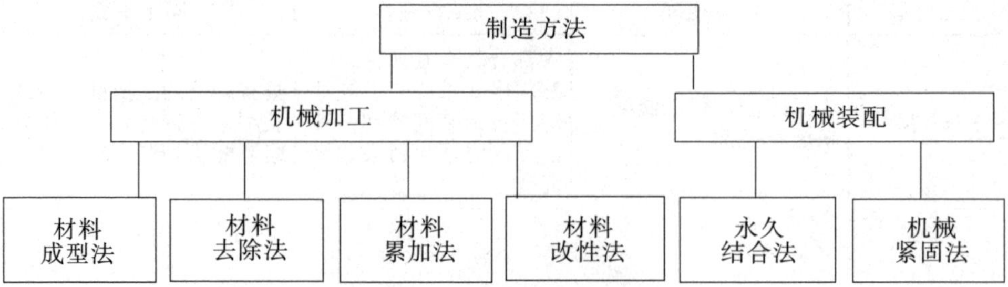

图2-5　制造方法的分类

一、材料成型法

材料成型法指将原材料加热成液体、半液体并在特定模具中冷却成型或将粉末状的原材料在特定型腔中加热、加压成型的方法，材料在成型前后没有质量的变化，故又常称“质量不变工艺”。生产中常用的铸造、锻造、粉末冶金、挤压、轧制、拉拔均属材料成型法。

（一）铸造

铸造指将熔炼成液态的金属浇入事先制造好的铸型，使金属凝固后成为具有一定形状和性能的铸件，在生产中常用于毛坯制造。铸造方法又分为砂型铸造和特种铸造（含熔模铸造、金属型铸造、压力铸造、离心铸造等）。

（二）锻造

锻造指利用外力使材料产生塑性变形，获得所需尺寸、形状的零件的方法，亦是生产中制造毛坯的主要方法之一。

（三）粉末冶金

粉末冶金指将粉末状的原材料在特定型腔中加热、加压成型的方法。

（四）挤压

挤压是将金属从挤压模孔中挤出成型的方法，常用于生产各种形状复杂、深孔、薄壁、异形断面的零件。

（五）轧制

轧制是使金属坯料通过一对回转轧辊的空隙而受压产生塑性变形获得所需产品的加工方法，主要用于各种金属型材、板材和管材以及其他如连杆、齿轮、轴类等各种零件的生产。

（六）拉拔

拉拔是利用金属坯料通过拉拔模的模孔产生塑性变形而获得产品的加工方法，在生产中主要用于各种细线材、薄壁管及各种特殊几何形状型材的制造。

二、材料去除法

材料去除法是指利用机械能、热能、光能、化学能等能量去除毛坯上多余材料而获得所需形状、尺寸的零件的方法，由于使零件因材料的去除而质量减少，故又称“质量减少工艺”。根据去除材料机理的不同，材料去除工艺又分4类：机械作用（用刀具克服工件材料硬度去除材料）、热的作用（利用热能熔化或汽化工件材料）、电化学作用（通过电场产生电化学反应，断开原子连接而去除材料）、化学作用（通过化学反应去除材料）。

通过机械作用的切削加工方法是生产中最常用的材料去除法，如车削、铣削、钻削等。另外,还可利用磨具去除工件材料,不仅具有较高的加工精度,而且能加工较硬的材料,是生产中常用的精加工方法。材料去除法有较好的材料适应性(加工各类钢和大多数有色金属,磨削还可加工陶瓷、一些聚合物和复合材料),生产成本相对材料成型也较低,对工件形状、大小及质量的适应性也较好,即具有很大的柔性,在生产中的应用最为广泛(机械产品材料90%以上为金属,金属零件的制造90%以上采用切削加工),可以说是整个机械工业制造的脊梁。

其他的材料去除工艺由于使用能源的特殊性常被称为特种加工或非传统加工,包括:电火花加工、电解加工、超声波加工、激光加工、电子束和离子束加工等。其工作特点及应用范围简述如下。

(一)电火花加工

电火花加工利用工具电极和工件间瞬时火花放电所产生的高温来熔蚀工件表面材料,亦称放电加工或电蚀加工。电火花加工适用于导电性较好的金属材料,且不受材料硬度、强度、韧性及熔点的影响,为生产中难切削材料的加工提供了方便;由于加工中工具、工件不直接接触,不存在切削力,故工具也无须比工件硬。电火花加工又分为电火花成型加工和电火花线切割加工,在模具制造中均有广泛应用。

(二)电解加工

电解加工是利用金属在电解液中的"阳极溶解"作用使工件加工成型的。电解加工同样不受材料硬度、强度和韧性的限制,可方便地加工难切削材料,能以较高的生产率(比电火花加工高5~10倍)加工复杂型面;可加工薄壁、深孔零件,无残余应力,表面粗糙度较低。但电解加工设备投资大,耗电量大,电解液具有腐蚀性,电解产物会污染环境,必须妥善处理。电解加工在航空、航天、汽车、模具等制造行业应用广泛。

(三)超声波加工

超声波加工是利用工具端面作超声频振动,使工作液中的悬浮磨粒对工件表面撞击抛磨的加工方法。加工工具可用较软的材料(如45钢、20钢、黄铜等)制造;加工用机床结构亦较简单,操作维修都方便。超声波加工特别适用于硬、脆的非金属材料(如玻璃、陶瓷、石英、硅、锗、玛瑙、宝石、玉石及金刚石等)工件的切割、打孔和型面加工。

(四)激光加工

激光加工利用具有极高能量密度的激光照射工件表面,激光被吸收后迅速转换成热能,使材料熔化甚至汽化而被蚀除。激光加工几乎适用于任何难加工材料,特别适合进行微细加工;通用性强、生产率高;不需要工具,亦不存在切屑处理问题,非常利于自动生产。但激光加工设备价格高,一次性投资大。

(五)电子束和离子束加工

电子束和离子束加工是利用电子束和离子束作用得到的热能,使工件材料熔化、汽化而被蚀除的加工方法。

三、材料累加法

材料累加法是指将分离的原材料通过加热、加压或其他手段结合成零件的方法,又称“质量增加工艺”,属于此类工艺的有焊接、快速原型制造等。

(一)焊接

焊接通过加热或加压(或两者并用),使用填充材料(或不用)使两部分分离的金属结合成零件。生产中焊接的方法很多,应用亦较广泛。

(二)快速原型制造

快速原型制造是由CAD模型直接驱动的快速制造任意复杂形状三维实体的技术总称,其核心是将零件(或产品)的三维实体按一定厚度分层,以平面制造方式将材料层层堆叠,并使每个薄层自动粘接成型,形成完整的零件。它是一个材料堆积累加的过程,故亦称“材料生长制造”。根据采用材料及对材料处理方式的不同,快速原型制造分为多种不同方法。由于它可以将计算机中所设计的零件快速转换成零件的实物模型,因此目前主要用于产品开发。

四、其他成型方法

(一)材料改性法

材料改性法主要是指生产中常用的热处理工艺,其主要目的是通过改变材料性能以改善其加工性,去除内应力及提高零件使用性能,如退火、正火、淬火等。

(二)永久结合法

在装配方法中,属于永久结合的主要有焊接、锡焊、粘接等。焊接是生产中最常用的永久结合工艺,工件焊后不可拆卸,连接质量好、接头密封性好,并可承受高压,但会产生焊接变形、裂纹等缺陷。锡焊主要适用于没有负载的场合,广泛应用于电子工业。粘接则广泛应用于聚合物、复合材料的装配。另外,生产中还有较为特殊的半永久结合工艺,如铆接和孔、轴的过盈配合所形成的连接。

(三)机械紧固法

机械紧固法是机械装配中最常用的工艺,如螺纹连接、钉子、铰链、滑道等。与永久结合不同,机械紧固连接是可拆卸的,便于产品、零件的维护和修理。

第三章　机械传动

第一节　带传动

一、带传动概述

（一）带传动的工作原理

带传动是常用的机械传动形式，依靠挠性传动带与带轮间的摩擦力来传递运动或动力。带传动一般是由主动轮、从动轮、紧套在两轮上的传动带及机架组成，它的主要作用是传递转矩和改变转速。当原动机驱动主动带轮转动时，由于带与带轮之间摩擦力的作用，使从动带轮一起转动，从而实现运动动力的传递。

（二）带传动的传动比

带传动的i就是带轮角速度之比，或带轮的转速之比，用公式表示为：

$$i = \frac{\omega_1}{\omega_2} = \frac{n_1}{n_2}$$

式中，ω_1——主动轮的角速度，rad/s；ω_2——从动轮的角速度，rad/s。n_1——主动轮转速，r/min；n_2——从动轮转速，r/min。

（三）带传动的类型

1.按传动原理分

摩擦带传动：靠传动带与带轮间的摩擦力实现传动，如V带传动、平带传动等。

啮合带传动：靠带内侧凸齿与带轮外缘上的齿槽相啮合实现传动，如同步带传动。

2.按用途分

传动带：传递动力用。

输送带：输送物品用。

3.按传动带的截面形状分

平带：平带的截面形状为矩形，内表面为工作面。

V带：截面形状为梯形，两侧面为工作表面。

多楔带：是在平带基体上由多根V带组成的传动带，可传递很大的功率。

圆形带：横截面为圆形。仅用于如缝纫机、仪器等低速小功率的传动。

齿形带(同步带):同步齿形带即为啮合型传动带。同步带内周有一定形状的齿。

这里着重阐述带传动中应用最为广泛的平带传动和V带传动。

二、平带传动和V带传动

(一)平带传动

平带传动是由平带和带轮组成的摩擦传动,带的工作面与带轮的轮缘表面接触。

1.平带传动的形式

(1)开口传动

开口传动是带轮两轴线平行、两轮宽的对称平面重合、转向相同的带传动。这种形式在平带传动中应用最为广泛。

(2)交叉传动

交叉传动是带轮两轴线平行、两轮宽的对称平面重合、转向相反的带传动。这种形式在平带传动中应用也较广泛。

(3)半交叉传动

半交叉传动是带轮两轴线在空间交错的带传动,交错角度通常为90°。

(4)角度传动

角度传动是带轮两轴线相交的带传动。

2.平带传动的主要参数

(1)包角α

带与带轮接触弧所对的圆心角即为包角α。包角的大小反映带与带轮轮缘表面间接触弧的长短。包角越小,接触弧长越短,接触面间所产生的摩擦力总和也就越小。为了提高平带传动的承载能力,包角就不能太小,一般要求包角$\alpha \geq 150°$。由于大带轮上的包角总是比小带轮上的包角大,因此只需验算小带轮上的包角是否满足要求即可。

小带轮包角α_1的计算方法如下:

开口传动:$\alpha_1 \approx 180° - \frac{(D_1 - D_2)}{a} \times 60°$

交叉传动:$\alpha_1 \approx 180° - \frac{(D_1 + D_2)}{a} \times 60°$

半交叉传动:$\alpha_1 \approx 180° + \frac{D_1}{a} \times 60°$

式中,D_1——小带轮直径,mm;D_2——大带轮直径,mm;a——中心距,mm。

(2)带长L

平带的带长是指带的内周长度,其计算方法如下:

开口传动:$L = 2a + \frac{\pi}{2}(D_2 + D_1) + \frac{(D_2 - D_1)^2}{4a}$

交叉传动:$L = 2a + \frac{\pi}{2}(D_2 + D_1) + \frac{(D_2 + D_1)^2}{4a}$

半交叉传动:$L = 2a + \frac{\pi}{2}(D_2 + D_1) + \frac{(D_2{}^2 - D_1{}^2)^2}{4a}$

在实际使用中,按上式计算所得带长还须考虑平带在带轮上的张紧量、悬垂量(中心距较大时)和平带的接头量。

(3)传动比

传动比i在不考虑传动中的弹性滑动时,平带传动的传动比可用从动轮和主动轮直径之比计算,即$i = n_1/n_2 = D_1/D_2$。受小带轮的包角和带传动外廓尺寸的限制,平带传动的传动比$i \leqslant 5$。

3.平带的类型和接头方式

平带的主要类型有:帆布芯平带、皮革平带、编织平带、复合平带等。其中使用最为广泛的是帆布芯平带(以帆布为抗拉体的平带)。

接头方式常用的有:胶合、缝合、铰链带扣等。铰链带扣式接头传递的功率较大,但传动速度不能太高,以免引起强烈的冲击和振动。经胶合或缝合的接头,传动时冲击小,传动速度可以提高一些。传递功率较大时可采用由锦纶片或涤纶绳作承载层、工作面上贴铬鞣革或挂胶帆布的无接头复合平带;当传动速度高时$v \geqslant$ 25m/s,可应用轻而薄的高速平带;传递功率较小时可用编织平带(编织平带是由纤维线编织成的无接头平带)。

(二)V带传动

V带是横截面为等腰梯形或近似为等腰梯形的传动带,V带安装在相应的轮槽内,仅与轮槽的两侧接触,而不与槽底接触。V带传动是由一条或数条V带和V带轮组成的摩擦传动。

1.V带的类型

V带工作面为两侧面,根据功用的不同分为以下几种:普通V带、窄V带、宽V带、汽车V带、大楔角V带等。其中以普通V带和窄V带应用较广,这里主要讨论普通V带传动。

2.普通V带轮的材料

普通V带轮的材料通常根据带速v选择。带速v小于25m/s的时候,采用灰铸铁HT150;带速v=25～30m/s时,采用灰铸铁HT200;带速更高时采用铸钢;传动功率小或为了减小质量时,可以采用铝合金或非金属。

带轮由轮缘、腹板(轮辐)和轮毂3部分组成。

3.V带的结构

标准V带其横截面结构如图3-1所示,都制成无接头的环形带。V带的结构分为线绳结构和帘布结构2种(图3-1)。2种结构均由伸张层、强力层、压缩层和包布层组成。伸张层和压缩层在V带与带轮接触时因弯曲而分别被伸张和压缩,这两层材质一般为胶料。

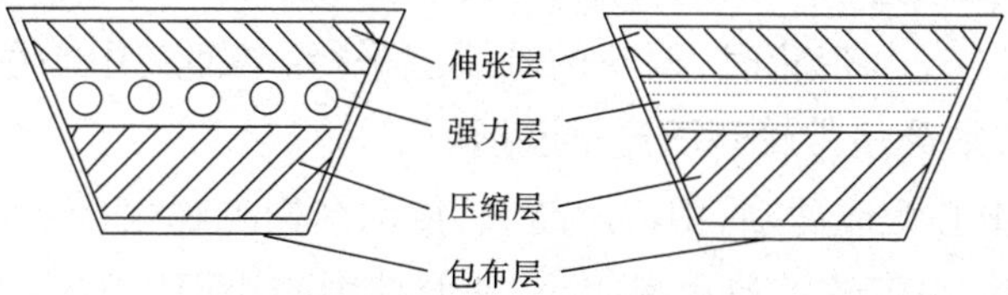

(a)线绳结构 (b)帘布结构

图3-1 标准V带的横截面结构图

V带的主要承力层是强力层,2种结构分别使用胶线绳和胶帘布。常用V带主要采用帘布结构;线绳结构比较柔软,抗弯曲疲劳性能也较好,但拉伸强度低,仅适用于载荷不大、小直径带轮和转速较高的场合。包布层用胶帆布制成,对V带起保护作用。

4.普通V带传动的主要参数

普通V带分Y、Z、A、B、C、D、E七种型号,其截面形状如图3-2所示。各型号普通V带的截面尺寸见表3-1。Y型V带的截面积最小,E型V带的截面积最大。V带的截面积越大,其传递的功率越大。

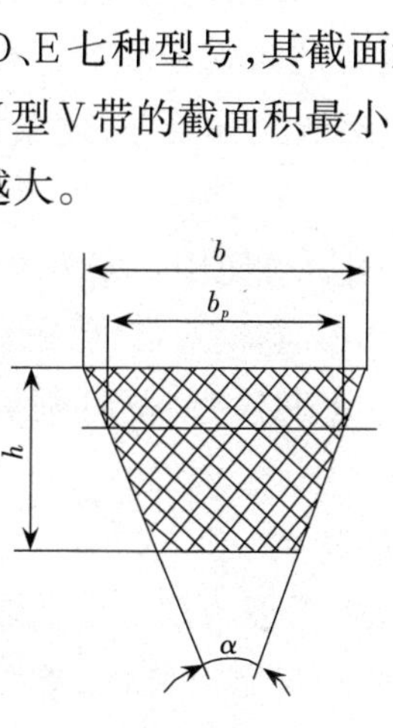

图3-2 普通V带的截面形状

表3-1　普通V带的截面尺寸

单位：mm

型号	节宽 b_p	顶宽 b	高度 h	楔角 α
Y	5.3	6.0	4.0	
Z	8.5	10.0	6.0	
A	11.0	13.0	8.0	
B	14.0	17.0	11.0	40°
C	19.0	22.0	14.0	
D	27.0	32.0	19.0	
E	32.0	38.0	25.0	

5.普通V带的安装使用及维护

应按照设计要求选取不同的带型，基准长度和根数，新旧不可以混用，会造成各带受力不均匀。安装带轮时，两轮的轴线应平行，端面与中心垂直，且两带轮在轴上不得晃动，否则会使带轮侧面过早磨损。

V带传动的中心距应适当，中心距越大，传动结构也越大，传动时还会引起V带颤动；中心距太小，小带轮上包角也越小，使摩擦力减小而影响传递的有效拉力，此外，由于单位时间内带在带轮上挠曲次数增多，容易使V带疲劳，影响V带的寿命。安装时可以减小中心距，待带套上带轮后再慢慢拉紧。

选择V带时需确认带的型号和基准长度，以保证V带在轮槽中处在正确的位置。V带顶面和带轮轮槽顶面取齐，新安装时V带顶面可略高出。这样V带和轮槽的工作面之间可充分接触。如高出轮槽顶面太多，则工作面的实际接触面积减小，使传动能力降低；如低于轮槽顶面过多，会使V带底面与轮槽底面接触，从而导致V带传动因两侧工作面接触不良而使摩擦力锐减甚至丧失。

V带安装不宜过松或过紧，带的张紧程度要适当。过松，不能保证足够的张紧力，传动时容易打滑，传动能力不能充分发挥；过紧，带的张紧力过大，传动中磨损加剧，使带的使用寿命缩短。

新带最好预先拉紧一段时间后再使用。安装V带时，应按规定的初拉力张紧。对于中等中心距的带传动，也可凭经验安装，带的张紧程度以大拇指能将带按下15mm为宜。V带使用过程中应定期检查、及时调整，若发现有个别V带有撕裂损伤，应及时更换整组V带。

（三）平带传动与V带传动的特点

结构简单，使用维护方便，适用于两轴中心距较大的传动场合；平带传动比V带传动可允许更大的中心距；传动带富有弹性，能缓冲、吸振，所以传动平稳，噪声低；在过载时，传动带在带轮上有打滑，可以防止薄弱零件的损坏，起到安全保护作用;外廓尺寸大,传动效率较低;属于摩擦传动,不能保持准确的传动比,不适于传动的场合。

(四)传动带的张紧

传动带在传动过程中,由于带长期受到拉力的作用,会产生永久变形而伸长,带由张紧变为松弛,张紧力逐渐减小,最终导致传动能力降低,甚至无法传动。因此,必须重新将传动带张紧。常用的张紧方法有2种,即使用张紧轮和调整中心距。

1.张紧轮方式

张紧轮是为改变带轮的包角或控制带的张紧力而压在带上的随动轮。当两带轮中心距不能调整时,可使用张紧轮张紧装置。平带传动时,张紧轮应安放在平带松边的外侧,并要靠近小带轮处,这样可以增大小带轮上的包角,提高平带传动的传动能力。

2.调整中心距方式

(1)定期张紧

带的定期张紧装置一般利用调整螺钉来调整两带轮轴线间的距离。

水平传动时采用的定期张紧方式:将装有带轮的电动机固定在滑座上,旋转调整螺钉使滑座沿滑槽移动,将电动机推到所需位置,使带轮达到预期的张紧程度,然后固定。这种张紧方式适用于水平传动或接近水平的传动。

垂直或接近垂直传动时采用的定期张紧方式:将有带轮的电动机安装在可以摆动的托架上,通过旋转调节螺母使托架绕固定轴摆动,可以达到调整中心距使带轮张紧的要求。

(2)自动张紧

将装有带轮的电动机固定在浮动的摆架上,利用电动机及摆架的自重,使带轮随同电动机绕固定轴摆动,自动保持张紧力。这种方式常在小功率的传动中使用。

第二节 链传动

一、链传动概述

(一)链传动的构成

链传动是由链条和具有特殊齿形的链轮构成的传递运动和(或)动力的传动。链传动由主动链轮、从动链轮和绕在两链轮上的封闭链条组成,两链轮分别安装在相互平行的两轴上。链轮上有特殊齿形的齿,传动时,靠链节与链轮轮齿连续不断啮合来传递运动和动力。链传动是一种具有中间挠性件(链条)的啮合传动。

(二)链传动的传动比

设在某链传动中,主动链轮的齿数为z_1,从动链轮的齿数为z_2,主动链轮每转过一个齿,链条移动一个链节,从动链轮被链条带动转过一个齿。则当主动链轮的转速为n_1,从动链轮的转速为n_2时,单位时间内主动链轮转过的齿数z_1n_1,与从动链轮转过的齿数z_2n_2相等,即$z_1n_1 = z_2n_2$或$n_1/n_2 = z_2/z_1$,得到链传动的传动比$i = n_1/n_2 = z_2/z_1$,即主动链轮的转速n_1与从动链轮转速n_2之比值,也等于两链轮齿数z_1和z_2的反比。

链节是组成链条的基本结构单元。每个链节在链条的纵向(链条的长度方向)含有一个节距。节距是两相邻链节铰链副理论中心间的距离。设计给定的节距称为基本节距(公称节距),用符号p表示,它是链条的主要参数之一。

二、链传动的类型

链传动的类型很多,按用途不同,链可分为以下3类:①输送链。用于输送工件、物品和材料,可直接用于各种机械,也可以组成链式输送机作为一个单元出现。为了实现特定的输送任务,在链条上需要特定的“附件”。②传动链。应用范围最广泛,主要用于一般机械中传递运动和动力,也可用于输送等场合。③曳引起重链(曳引链)。主要用以传递力,起牵引、悬挂物品的作用,兼做缓慢运动。传动链的种类繁多,最常用的是齿形链和滚子链,下面重点介绍传动链中的齿形链和滚子链。

(一)齿形链

齿形链由齿形链板、导板、套筒和销轴等组成。根据导向形式不同分为内导式和外导式2种。齿形链传动平稳、传动比准确、噪声小(又称无声链)、承载能力大、耐冲击、工作可靠、允许链速较高,但齿形链结构复杂、质量较大、装拆较困难。其对安装及维护要求较高,制造和使用成本较高。齿形链多用于高速传动或对运动精度要求较高的闭式传动场合,如机床的主传动和发动机的正时轮等。

GB 10855—2016对传动用齿形链的基本参数和尺寸作了具体规定,通过链号标识。

9.525mm及以上节距链条链号由字母SC与表示链条节距和链条公称宽度的数字组成,数字的前1位或前2位乘以3.175mm为链条节距值,最后2位或3位数乘以6.35mm为齿形链的公称链宽。例如SC302表示节距为9.525mm、公称链宽为12.70mm的齿形链。4.762mm节距链条链号由字母SC与表示链条节距和链条公称宽度的数字组成,0后面的第1位数字乘以1.5875mm为链条节距值,最后1位或2位数乘以0.79375mm为齿形链的公称链宽。例如SC0309表示节距为4.7625mm、公称链宽为7.14375mm的齿形链。4.762mm节距齿形链条的链板公称厚度均为0.76mm，因此链号中的宽度数值也就是链条宽度方向的链板数量。链号按链条节距分为9组，如表3-2所示。

表3-2 传动用齿形链的链号和节距

单位：mm

链号	SC03	SC3	SC4	SC5	SC6	SC8	SC10	SC12	SC16
节距 p	4.762	9.525	12.70	15.875	19.05	25.40	31.75	38.10	50.80

（二）滚子链

滚子链又称为套筒滚子链。其由内链板、外链板、销轴、套筒和滚子组成。其中内链板与套筒采用过盈配合组成的连接称为内链节，外链板与销轴之间采用过盈配合组成的连接称为外链节，而滚子与套筒、套筒与销轴之间均采用间隙配合。

连接链条就是由多个内、外链节依次交替铰接构成。内、外链节可以相对转动（套筒可绕销轴自由转动）。当需要承受较大载荷、传递较大功率时，可使用多排链。多排链相当于几个普通的单排链彼此之间用长销轴连接而成。其承载能力与排数成正比，但排数越多，越难使各排受力均匀，因此排数不宜过多，常用的有双排链和三排链。滚子链的连接使用连接链节或过渡链节，当链条两端均为内链节时使用由外链板和销轴组成的可拆卸连接链节，用开口销（钢丝锁销）或弹性锁片连接，连接后链条的链节数为偶数。当链条一端为内链节另一端为外链节时，使用过渡链节连接，连接后的链条的链节数为奇数。由于过渡链节的抗拉强度较低，因此应尽量不采用。

表3-3列出了GB/T 1243—2006规定的滚子链的基本参数和尺寸。由于国际上几乎所有国家的链节距均采用英制单位，因而在我国的链条标准中，节距也采用英制折算成米制的单位。表中的链号数乘25.4/16即为节距值，后缀为A的传动链是源于美国的标准，后缀为B的传动链是源于英国的标准。这2种滚子链已经覆盖了世界上大多数国家生产的滚子链，在我国也已经生产多年。

表3-3 滚子链的主要尺寸和极限拉伸载荷

链号	链节距 p/mm	滚子外径 d_1	销轴直径 d_2	内链节内宽 b_1	内链节外宽 b_2	排距 P_t	极限拉伸载荷（单排）F_{lim}/kN
08A	12.70	7.95	3.98	7.85	11.17	14.38	13.9
10A	15.875	10.16	5.09	9.40	13.84	18.11	21.8
12A	19.05	11.91	5.96	12.57	17.75	22.78	31.3

表3-3（续）

链号	链节距 p/mm	滚子外径 d_1	销轴直径 d_2	内链节内宽 b_1	内链节外宽 b_2	排距 P_t	极限拉伸载荷（单排）F_{lim}/kN
16A	25.40	15.88	7.94	15.75	22.60	29.29	55.6
20A	31.75	19.05	9.54	18.90	27.45	35.76	87.0
24A	38.10	22.23	11.11	25.22	35.45	45.44	125.0
28A	44.45	24.40	12.71	25.22	37.18	48.87	170.0
32A	50.80	28.58	14.29	31.55	45.21	58.55	223.0
40A	63.50	39.68	19.85	37.85	54.88	71.55	347.0

三、链传动的利弊

(一)链传动的优点

链传动其兼有齿轮传动和带传动的特点，属于具有中间挠性件的啮合传动。与齿轮传动和摩擦式带传动相比，链传动的主要优点是：没有弹性滑动，平均传动比准确；传动效率较高，一般可达0.95～0.98；链条对轴的拉力较小；可以在较恶劣的条件(如高温、高灰尘、淋水、淋油等)下工作；承载能力大；制造与安装精度要求较低；轴间距较大且结构简单。

(二)链传动的缺点

传动的平稳性差，有噪声；瞬时传动比不恒定；磨损后易发生跳齿和脱链；急速反向转动的性能差；不适用于过小的轴间距和有急速换向的传动。

链传动的传动比一般为$i \leqslant 6$，低速传动时i可达10；两轴中心距$a \leqslant 6$m，最大中心距可达15m；传动功率$p < 100$kW；链条速度$v \leqslant 15$m/s，高速时可达20～40m/s。链传动用于两轴平行、中心距较远、传递功率较大且平均传动比要求准确、不宜采用带传动或齿轮传动的场合。链传动广泛应用于轻工机械、农业机械、石油化工机械、运输起重机械及机床、汽车、摩托车和自行车等机械制造行业。

第三节　齿轮传动

在工程机械、冶金机械，以及人们常见的机械式钟表等日常用品中都有齿轮传动。因此，它成为许多机械设备中不可缺少的传动形式，也是机器中所占比例最大的传动形式。

齿轮传动是利用齿轮副来传递运动和动力的一种机械传动形式。齿轮副是一对齿轮的轮齿依次交替接触,从而实现一定规律的相对运动的过程,称为啮合。齿轮传动属于啮合传动。

一、齿轮传动的常用类型

齿轮传动的常用类型如下:

按轮齿方向可分为直齿圆柱齿轮传动、斜齿圆柱齿轮传动、人字齿圆柱齿轮传动、外啮合齿轮传动、内啮合齿轮传动、齿轮齿条传动、锥齿轮传动。

按相交轴齿轮可分为交错轴斜齿轮传动、蜗轮蜗杆传动。

二、齿轮传动的应用

(一)传动比

在齿轮传动中,主动轮的齿数为z_1,从动轮的齿数为z_2,主动轮每转过一个齿,从动轮也转过一个齿。当主动轮的转速为n_1、从动轮的转速为n_2时,单位时间内主动轮转过的齿数n_1z_1与从动轮转过的齿数z_2n_2应相等,得到齿轮传动的传动比:

$$\frac{n_1}{n_2}=\frac{z_1}{z_2}$$

式中,n_1、n_2——主、从动轮的转速,r/min;z_1、z_2——主、从动轮的齿数。

上式说明,齿轮传动的传动比是主动轮转速与从动轮转速之比,也等于两齿轮齿数之反比。

(二)应用特点

优点:①能保证瞬时传动比恒定,工作可靠性高,传递运动准确可靠,这也是齿轮传动获得广泛应用的主要原因之一。②传递的功率和圆周速度范围比较宽,传递的功率小至1W(如仪表中的齿轮传动),大至5万kW(如涡轮发动机的减速装置),甚至高达10万kW;传动时圆周速度可达300m/s。③结构紧凑,可实现较大的传动比,传动效率高。使用寿命长,维护简便。

缺点:运转过程中有振动、冲击和噪声,齿轮安装要求较高,不能实现无级变速,不适宜用在中心距较大的场合。

三、齿轮传动介绍

(一)斜齿圆柱齿轮传动

1.斜齿圆柱齿轮的形成

渐开线直齿圆柱齿轮只考虑垂直于轴线端面的情形。因为齿轮有一定的宽度,所以直齿圆柱齿轮的齿廓应该是发生面在基圆柱上作纯滚动时,平行于基圆柱母线的直线所形成的一个渐开曲面,称为渐开面。

斜齿圆柱齿轮齿廓发生面上的直线不平行于基圆柱的直母线,而是形成一定角度β_b。当发生面沿基圆柱作纯滚动时，直线形成的一个螺旋形的渐开线曲面，称为渐开线螺旋面。β_b称为基圆柱上的螺旋角。

2.斜齿轮传动的啮合性能

第一，两轮齿由一端面进入啮合，接触线先由短变长，再由长变短，到另一端面脱离啮合，重合度大，承载能力高，可用于大功率传动。

第二，轮齿上的载荷逐渐增加、逐渐减小，承载和卸载平稳，冲击、振动和噪声小。

第三，由于轮齿倾斜，传动中会产生一个轴向力。

第四，斜齿轮在高速、大功率传动中应用十分广泛。

3.斜齿圆柱齿轮主要参数和几何尺寸

由于斜齿圆柱齿轮轮齿的齿面是螺旋面，需要讨论其端面和法面2种情形。端面是指垂直于齿轮轴线的平面，用t作标记。法面是指与轮齿齿线垂直的平面，用n作标记。

斜齿圆柱齿轮螺旋角β是指螺旋线与轴线的夹角。斜齿圆柱齿轮各个圆柱面的螺旋角不同，平时所说的螺旋角均指分度圆的螺旋角，用β表示。β角越大，轮齿倾斜程度越大，因而传动平稳性越好，但轴向力也越大，所以一般取$\beta = 8° \sim 30°$，常用$\beta = 8° \sim 15°$。

斜齿圆柱齿轮轮齿的螺旋方向可分为左旋和右旋。其判别方法为：将齿轮轴线垂直放置，轮齿自左至右上升者为右旋，反之为左旋。

4.斜齿圆柱齿轮的正确啮合条件

一对外啮合斜齿圆柱齿轮用于平行轴传动时的正确啮合条件为：①两齿轮法向模数（法向齿距p_n除以圆周率π所得的商）相等；②两齿轮法向压力角（法面内端面齿廓与分度圆交点处的压力角）相等。③两齿轮螺旋角相等，旋向相反。

（二）直齿锥齿轮传动

锥齿轮轮齿分布在圆锥面上，有直齿、斜齿和曲齿3种形式，其中直齿锥齿轮应用最广。

直齿锥齿轮应用于两轴相交时的传动，两轴间的交角可以是任意的，在实际应用中多采用两轴互相垂直的形式传动。

由于锥齿轮的轮齿分布在圆锥面上，所以轮齿的尺寸沿着齿宽方向变化，大端轮齿的尺寸大，小端轮齿的尺寸小。为了便于测量，并使测量时的相对误差缩小，规定以大端的参数作为标准参数。

为保证正确啮合，直齿锥齿轮传动应满足下面的条件：①两齿轮的大端端面模数(端面齿距p_t除以圆周率π所得的商)相等。②两齿轮的压力角相等。

(三)齿轮齿条传动

齿条齿轮传动是齿轮传动的一种特殊组合方式。齿条就像一个被拉直了舒展开来的直齿轮。

1.齿条

当齿轮的圆心位于无穷远处,齿轮上各圆的直径趋向无穷大,齿轮上的基圆、分度圆、齿顶圆等圆成为基线、分度线、齿顶线等互相平行的直线,渐开线齿廓也变成直线齿廓,齿轮即演化成为齿条。齿条分为直齿条和斜齿条。

与齿轮相比较,齿条的主要特点是:

第一,由于齿条的齿廓是直线,所以齿廓上各点的法线相互平行。传动时,齿条做直线运动,且速度大小和方向均一致。齿条齿廓上各点的齿形角均相等,且等于齿廓直线的倾斜角,标准值为20°。

第二,由于齿条上各齿的同侧齿廓互相平行,所以不论在分度线(即基本齿廓的基准线)、齿顶线上,还是在与分度线平行的其他直线上,齿距均相等,模数为同一标准值。

齿条分度线上齿厚和齿槽宽相等,是确定齿条各部分尺寸的基准线。

2.齿轮齿条传动

齿轮的转动带动齿条直线移动。齿条的前后移动也可以带动齿轮转动。齿轮齿条传动的主要目的是将齿轮的回转运动转变为齿条的直线往复运动,或将齿条的直线往复运动转变为齿轮的回转运动。

四、渐开线齿轮失效形式

齿轮传动过程中,若轮齿发生折断、齿面损坏等现象,则齿轮失去了正常的工作能力,称为失效。齿轮传动的失效主要是指轮齿的失效。常见的齿轮失效形式有齿面点蚀、齿面磨损、齿面胶合、齿面塑变和轮齿折断等。

(一)齿面点蚀

齿面点蚀是齿面疲劳损伤的现象之一。齿轮传动时,两轮齿在理论上讲是线接触,而由于弹性变形的原因,实际是很小的面接触,表面产生很大的接触应力。接触应力是按一定规律变化的,当循环次数超过某一限度时,轮齿表面会产生细微的疲劳裂纹,裂纹逐渐扩展,使表层上小块金属脱落,形成麻点和斑坑,这种现象就称为齿面的疲劳点蚀。发生点蚀后,轮齿工作面损坏,造成传动不平稳和产生噪声。

齿面点蚀是在润滑良好的闭式齿轮传动中轮齿失效的主要形式之一。在开式齿轮传动中，由于齿面磨损较快，点蚀还来不及出现或扩展就被磨掉，所以一般看不到点蚀。

为防止点蚀，设计时应合理选用齿轮参数，选择合适的材料及提高齿面硬度、减小表面粗糙度值、选用黏度高的润滑油，并采用适当的添加剂，以提高齿轮抗点蚀的能力。

（二）齿面磨损

齿轮在传动过程中，接触的两齿面产生一定的相对滑动，即产生滑动摩擦，使齿面发生磨损。磨损速度符合规定的设计期限，磨损量在界限内，视为正常磨损。但齿面磨损严重时，轮齿就失去了准确的渐开线齿廓形状，引起传动不平稳和冲击。此外，齿廓磨损后厚度变薄也可能导致轮齿折断。

对于开式齿轮传动，润滑条件不好，又有硬质颗粒等杂物落入轮齿的工作面，会加剧齿面磨损。所以齿面磨损是开式齿轮传动的主要失效形式。

减小齿面磨损的主要措施有提高齿面硬度、减小表面粗糙度值、采用合适的材料组合、改善润滑条件和工作条件（如采用闭式传动）等。

（三）齿面胶合

当齿轮轮齿承受很大的压力时，齿面上的润滑油被挤走，两齿面金属直接接触，产生局部瞬时高温，致使两齿面发生粘连，随着齿面的相对滑动，较软轮齿表面的金属会被熔焊在另一轮齿的齿面上而形成沟痕，这种现象称为齿面胶合。发生胶合后，齿面被破坏，会引起强烈的磨损和发热，致使齿轮失效。

对于高速和低速重载的齿轮传动，容易发生齿面胶合。

防止齿面胶合的方法有：选用特殊的高黏度润滑油或者在油中加入抗胶合的添加剂，选用不同的材料使两轮不易粘连，提高齿面硬度，减小齿面粗糙度值，改进冷却条件等。

（四）齿面塑性变形

当齿轮的齿面较软时，在重载情况下，表层金属可能沿着相对滑动方向发生局部的塑性流动，出现塑性变形。塑性变形后，主动轮沿着节线形成凹沟，而从动轮沿着节线形成凸棱。若整个轮齿发生永久性变形，则齿轮传动丧失工作能力。

防止塑性变形的措施：提高齿面硬度，采用黏度大的润滑油，尽量避免频繁启动和过载。

（五）轮齿折断

轮齿在传递动力时，相当于一个悬臂梁，齿根处受力最大，故在齿根部分易发生轮齿折断。

轮齿折断的原因有2种:一种是受到严重冲击、短期过载而突然折断;另一种是轮齿长期工作后经过多次反复弯曲,使齿根发生疲劳折断。轮齿折断常常是突然发生的,不但会影响齿轮传动,使机器不能正常工作,甚至会造成重大事故,所以应特别注意。

轮齿折断是开式传动和硬齿面闭式传动的主要失效形式之一。

防止轮齿折断的主要措施有:选择适当的模数和齿宽;采用合适的材料及热处理方法,减小齿根应力集中,齿根圆角不宜过小,表面粗糙度应有一定要求,使齿根危险截面处的弯曲应力最大值不超过许用应力值。

第四节　蜗杆传动

蜗杆传动具有单级传动比大、工作平稳、自锁性能、无噪声及结构紧凑等优点,广泛应用在机床分度机构、汽车、仪器、起重运输机械、冶金机械及其他机械设备中。

一、蜗杆传动概述

蜗杆传动由蜗杆和蜗轮组成。通常由蜗杆(主动件)带动蜗轮(从动件)传动,并传递运动和动力,其两轴线在空间一般交错成90°,蜗杆和蜗轮都是一种特殊的斜齿轮。

蜗杆结构:蜗杆通常与轴是一体的。

蜗轮结构:蜗轮常采用组合结构,连接方式有铸造连接、过盈配合连接和螺栓连接。

二、蜗杆传动类型

按蜗杆形状不同分为:圆柱蜗杆传动、环面蜗杆传动和锥蜗杆传动。其中,圆柱蜗杆传动又可分为阿基米德蜗杆、渐开线蜗杆和法向直廓蜗杆。

按蜗杆螺旋线方向不同分为:右旋涡杆、左旋涡杆。

按蜗杆头数不同分为:单头蜗杆、多头蜗杆。

三、蜗杆传动的主要参数

(一)蜗杆传动的主要参数

在蜗杆传动中,其几何参数及尺寸计算均以中间平面为准。通过蜗杆轴线并与蜗轮轴线垂直的平面称为中间平面。在此平面内,蜗杆相当于齿条,蜗轮相当于渐开线齿轮,蜗杆与蜗轮的啮合相当于渐开线齿轮与齿条的啮合。国家标准规定,蜗杆以轴面(x)的参数为标准参数,蜗轮以端面(t)的参数为标准参数。

蜗杆传动的主要参数有模数(m)、压力角(α)、蜗杆直径系数q、蜗杆导程角γ、蜗杆头数z_1、蜗轮齿数z_2及蜗轮螺旋角β_2等。

1.模数(m)、压力角(α)

蜗杆传动与齿轮传动一样,其几何尺寸也以模数为主要计算参数。蜗杆模数已标准化,蜗杆标准模数(单位:mm)系列如下:①第一系列——1、1.25、1.6、2、2.5、3.15、4、5、6.3、8、10、12.5、16、20、25、31.5、40;②第二系列——1.5、3、3.5、4.5、5.5、6、7、12、14。

蜗杆的轴面压力角α_{x-1}和蜗轮的端面压力角α_{t2}也相等,且为标准值,即$\alpha_{x-1}=\alpha_{t2}=\alpha=20°$。

2.蜗杆分度圆导程角(γ)

蜗杆分度圆导程角γ是指蜗杆分度圆柱螺旋线的切线与端面之间的锐角。导程角的大小直接影响蜗杆传动的效率。导程角大,效率高,但自锁性差;导程角小,则蜗杆传动自锁性好,但效率低。

3.蜗杆分度圆直径(d_1)和蜗杆直径系数(q)

为了保证蜗杆传动的正确性,切制蜗轮的滚刀的分度圆直径、模数和其他参数必须与该蜗轮相配的蜗杆一致,压力角与相配的蜗杆相同。蜗杆分度圆直径d_1不仅与模数m有关,而且还与头数z_1及导程角γ有关。因此,即使模数m相同,也会有很多直径不同的蜗杆,所以对于同一尺寸的蜗杆必须对应前蜗轮滚刀,即对同一模数、不同直径的蜗杆,必须配相应数量的滚刀,这就要求备有很多相应的滚刀,显然很不经济。在生产中为了使刀具标准化,限制滚刀的数目,对一定模数m的蜗杆的分度圆直径d_1进行了规定,即规定了蜗杆直径系数q,且$q=\dfrac{d_1}{m}$。

4.蜗杆头数(z_1)和蜗轮齿数(z_2)

蜗杆头数z_1主要是根据蜗杆传动的传动比和传动效率来选定,一般推荐选用z_1=1、2、4、6。蜗杆头数少,则蜗杆传动的传动比大,容易自锁,传动效率较低;蜗杆头数越多,效率越高,但加工也越困难。

蜗轮齿数z_2可根据z_1和传动比i来确定,一般推荐z_2=20~80。

(二)蜗杆传动的正确啮合条件

要组成一对正确啮合的蜗杆与蜗轮,应满足一定的条件。蜗杆传动的正确啮合条件为:第一,在中间平面内,蜗杆的轴面模数m_{x1}和蜗轮的端面模数m_{t2}相等;第二，在中间平面内，蜗杆的轴面压力角 a_{x1} 和蜗轮的端面压力角 a_{t2} 相等；第三，蜗杆分度圆导程角 γ_1 和蜗轮分度圆柱面螺旋角 β_2 相等，且旋向一致。

四、蜗杆传动的应用特点和常用材料

（一）蜗杆传动的应用特点

蜗杆传动的主要特点是结构紧凑、工作平稳、无噪声、冲击振动小，以及能得到很大的单级传动比。当用来传递动力时，其传动比可为8～80。例如蜗轮蜗杆减速机，在分度机构中若仅是传递运动，其传动比可达1000或更大。当蜗杆的导程角≤5°时，蜗杆传动可实现自锁。这个特点在起重设备中得到广泛应用，起到安全保障的作用。

在制造精度和传动比相同的条件下，蜗杆传动的效率比齿轮传动低，蜗杆和蜗轮齿间发热量较大，会导致润滑失效，引起磨损加剧。同时，蜗轮一般需用贵重的减摩材料（如青铜）制造。因此，蜗杆传动不适用于大功率、长时间工作的场合。

（二）蜗杆传动的常用材料

为了减小摩擦，通常蜗杆用钢材制造，蜗轮用有色金属（铜合金、铝合金）制造。

蜗杆常用材料有：高速重载时，15Cr、20Cr渗碳淬火，或45钢、40Cr淬火；低速轻载时，蜗杆可用调质45钢。蜗轮常用材料有铸造锡青铜、铸造铝青铜、灰铸铁等。

第五节 液压传动

液压传动是用液体作为工作介质来传递能量和进行控制的传动方式。液压传动和气压传动称为流体传动，是根据17世纪帕斯卡提出的液体静压力传动原理而发展起来的一门新兴技术，是工农业生产中广为应用的一门技术。利用液压泵将原动机的机械能转换为液体的压力能，通过液体压力能的变化来传递能量，经过各种控制阀和管路的传递，借助于液压执行元件（液压缸或马达）把液体压力能转换为机械能，从而驱动工作机构，实现直线往复运动和回转运动。其中的液体称为工作介质，一般为矿物油，它的作用和机械传动中的皮带、链条和齿轮等传动元件相类似。

虽然液压传动技术相对于机械传动技术相比是比较年轻的技术，但是因为其独特的特点，现被广泛地应用于机械制造、航空航天、冶金矿山、农业机械、化工船舶等技术领域。随着空间和自动化技术的不断提高，液压传动技术的应用前景更加广阔。

一、液压传动的认知

(一)液压传动的组成及功能

一个完整的液压系统,除去液压油之外,还应包括下列部分,如表3-4所示。

表3-4 液压系统的组成部分

名称	作用	常用元件	系统位置
动力部分	将原动机输出的机械能转换为油液的压力能(液压能)	液压泵	始端
控制部分	用来控制和调节油液的压力、流量和流动方向	压力控制阀、流量控制阀、方向控制阀	中间
执行部分	将液压泵输入的油液压力能转换为带动工作机构的机械能	液压缸、液压马达	末端
辅助部分	将前面三部分连接在一起,组成一个系统,起储油、过滤、测量和密封等作用	管路接头、油箱、过滤器、蓄能器、密封件、控制仪表等	任意

(二)液压系统的优缺点及应用场合

1.液压系统的特点

液压系统作为一种新型的传动方式,现今得到了极为广泛的应用,与传统的机械传动和电力传动相比,它具有以下特点:

优点:①运动较平稳,能在低速下稳定运动,在设备运行中极易大传动比(传动比达1:2000)实现无级调速。②液压传动输出力大、体积小、重量轻、惯性小、结构紧凑。③工作比较平稳,反应快,冲击小,能高速启动、制动和换向。④操作方便、省力,易于实现自动化和远距离控制。⑤易于实现过载保护,元件能自行润滑,寿命长。⑥所用元件已实现系列化、标准化、通用化。使用寿命长,便于维修设计。⑦液压传动易于实现回转、直线运动,且元件排列布置灵活。⑧产生的热量可由流动着的油带走,所以可避免在系统某些局部位置产生过度温升。

缺点:①无法保证严格的传动比。②液压传动中有机械损失、压力损失、泄漏损失,效率低,不宜作远距离传动。③液压传动对油温和负载变化敏感,不宜于在低、高温度下使用,对污染很敏感。④液压传动需要有单独的能源(例如液压泵站),液压能不能像电能那样从远处传来,液压元件制造精度高,造价高,所以须组织专业生产。⑤液压传动装置出现故障时不易查找原因,不易迅速排除。

总的来说,液压传动优点较多,缺点正随着生产技术的发展逐步加以克服,因此,液压传动在现代化生产中有着广阔的发展前景。

2.液压系统的应用

由于液压技术有许多突出的优点，因此从民用到国防，由一般传动到精确度很高的控制系统，液压技术都得到了广泛的应用。

（三）压力损失和流量损失

1.压力损失

液压系统在工作过程中，油液从油箱通过管道、接头、弯管及各种阀等。在此过程中由于油液存在着黏性，所以在流动的过程中，油液与油管、阀体之间会产生摩擦和碰撞，从而产生流动阻力，这种阻力叫作液阻。

由于液阻的存在，所以液体流动时会消耗一部分能量，我们把这种能量损失称为液体的压力损失。

压力损失包括沿程压力损失和局部压力损失。沿程压力损失：指液体在直管中流动时因液体具有的黏性而产生的压力损失。局部压力损失：指液体流经如阀口、弯管、通流截面变化等局部阻力引起的压力损失。

由于压力损失会造成功率浪费、油液发热、泄漏增加，使液压元件受热膨胀而“卡死”，所以必须减少压力损失，减小液阻。

减小压力损失的方案：油液黏度适当，管道内壁光滑，缩短管道长度，减少管道截面变化及弯曲程度。

2.泄漏和流量损失

泄漏是指在液压系统正常工作的情况下，从液压元件的密封间隙漏出少量油液的现象。通常情况下，泄漏主要是由于元件制造过程中必须存在的间隙和元件磨损导致的间隙引起的。

液压系统泄漏主要有外泄漏和内泄漏2种：油液从液压元件的高压腔流向低压腔的现象称为内泄漏；油液从系统内部流到系统外部的泄漏称为外泄漏。

液压系统一旦发生泄漏，便会使流入执行元件的油液不足，将会引起系统压力建立不起来，影响设备的正常工作。同时液压油泄漏还会造成环境污染。

二、液压系统的组成

液压系统由动力元件、执行元件、控制元件、辅助元件和液压油组成。

液压系统的作用是通过改变压力来增加力。一个完整的液压系统由5个部件组成：动力部件、执行部件、控制部件、辅助部件和液压油。

动力元件：动力元件的作用是将原动机的机械能转换成液体的压力能，指液压系统中的油泵，它向整个液压系统提供动力。液压泵的结构形式一般有齿轮泵、叶片泵、柱塞泵和螺杆泵。

执行元件:执行元件(如液压缸和液压马达)的作用是将液体的压力能转换为机械能,驱动负载做直线往复运动或回转运动。

控制元件:控制元件(即各种液压阀)在液压系统中控制和调节液体的压力、流量和方向。根据控制功能的不同,液压阀可分为压力控制阀、流量控制阀和方向控制阀。压力控制阀包括溢流阀(安全阀)、减压阀、顺序阀、压力继电器等;流量控制阀包括节流阀、调整阀、分流集流阀等;方向控制阀包括单向阀、液控单向阀、梭阀、换向阀等。根据控制方式不同,液压阀可分为开关式控制阀、定值控制阀和比例控制阀。

辅助元件:辅助元件包括油箱、滤油器、冷却器、加热器、蓄能器、油管及管接头、密封圈、快换接头、高压球阀、胶管总成、测压接头、压力表、油位计、油温计等。

液压油:液压油是液压系统中传递能量的工作介质,有各种矿物油、乳化液和合成型液压油等几大类。

液压系统可分为2类:液压传动系统和液压控制系统。液压传动系统是能量传递和运动的主要功能。液压控制系统必须满足液压系统输出的特定性能需求,通常称为液压传动系统。

液压系统的质量取决于系统设计的合理性、系统部件性能的优缺点、系统污染的保护和处理,最后一点尤为重要。近年来,中国国内的液压技术有了很大的提高,并没有简单地将国外的液压技术用于加工。液压系统由2部分组成:信号控制和液压动力,用于控制液压部件上控制阀的运动。

液压部分由回路图表示,以显示不同功能部件之间的关系。液压供应包括液压泵、电机和液压辅助部件;液压控制部分包含控制工作流体的流量、压力和方向的多个控制阀;运行部分包含液压缸或液压马达,可根据实际要求选择。在分析和设计实际任务时,通常使用框图来显示设备的实际完整性。空心箭头表示信号流,而实心箭头表示能量流。基本液压回路中的运动顺序——控制元件的旋转和复位,执行元件的伸缩,并打开和关闭溢流阀。

三、液压系统的常见故障

(一)压力损失

由于液体具有黏性,在管路中流动时又不可避免地存在着摩擦力,所以液体在流动过程中必然要损耗一部分能量。这部分能量损耗主要表现为压力损失。

压力损失有沿程损失和局部损失2种。沿程损失是当液体在直径不变的直管中流过一段距离时,因摩擦而产生的压力损失。局部损失是由于管路截面形状突然变化、液流方向改变或其他形式的液流阻力而引起的压力损失。总的压力损失等于沿程损失和局部损失之和。由于压力损失的必然存在，所以泵的额定压力要略大于系统工作时所需的最大工作压力，一般可将系统工作所需的最大工作压力乘以一个1.3～1.5的系数来估算。

（二）流量损失

在液压系统中，各被压元件都有相对运动的表面，如液压缸内表面和活塞外表面，因为要有相对运动，所以它们之间都有一定的间隙。如果间隙的一边为高压油，另一边为低压油，则高压油就会经间隙流向低压区从而造成泄漏。同时，由于液压元件密封不完善，一部分油液也会向外部泄漏。这种泄漏造成的实际流量有所减少，这就是我们所说的流量损失。

流量损失影响运动速度，而泄漏又难以绝对避免，所以在液压系统中泵的额定流量要略大于系统工作时所需的最大流量。通常也可以用系统工作所需的最大流量乘以一个1.1～1.3的系数来估算。

（三）液压冲击

原因：执行元件换向及阀门关闭使流动的液体因惯性和某些液压元件反应动作不够灵敏而产生瞬时压力峰值，称液压冲击。其峰值可超过工作压力的几倍。

危害：引起振动，产生噪声；使继电器、顺序阀等压力元件产生错误动作，甚至造成某些元件、密封装置和管路损坏。

措施：找出冲击原因避免液流速度的急剧变化。延缓速度变化的时间，估算出压力峰值，采取相应措施。如将流动换向阀和电磁换向阀联用，可有效地防止液压冲击。

（四）空穴现象

现象：如果液压系统中渗入空气，液体中的气泡随着液流运动到压力较高的区域时，气泡在较高压力作用下迅速破裂，从而引起局部液压冲击，造成噪声和振动。另外，由于气泡破坏了液流的连续性，降低了油管的通油能力，造成流量和压力的波动，使液压元件承受冲击载荷，影响其使用寿命。

原因：液压油中总含有一定量的空气，通常可溶解于油中，也可以气泡的形式混合于油中。当压力低于空气分离压力时，溶解于油中的空气分离出来，形成气泡；当压力降至油液的饱和蒸气压力以下时，油液会沸腾而产生大量气泡。这些气泡混杂于油液中形成不连续状态，这种现象称为空穴现象。

部位：吸油口及吸油管中低于大气压处，易产生气穴；油液流经节流口等狭小缝隙处时，由于速度的增加，使压力下降，也会产生气穴。

危害：气泡随油液运动到高压区，在高压作用下迅速破裂，造成体积突然减小、周围高压油高速流过来补充，引起局部瞬间冲击，压力和温度急剧升高并产生强烈的噪声和振动。

措施：要正确设计液压泵的结构参数和泵的吸油管路，尽量避免油道狭窄和急弯，防止产生低压区；合理选用机件材料，增加机械强度、提高表面质量、提高抗腐蚀能力。

（五）气蚀现象

原因：空穴伴随着气蚀发生，空穴中产生的气泡中的氧也会腐蚀金属元件的表面，我们把这种因发生空穴现象而造成的腐蚀叫气蚀。

部位：气蚀现象可能发生在油泵、管路以及其他具有节流装置的地方，特别是油泵装置，这种现象最为常见。气蚀现象是液压系统产生各种故障的原因之一，特别在高速、高压的液压设备中更应注意。

危害和措施与空穴现象的相同。

四、液压传动系统的故障诊断

液压传动系统由于其独特的优点，即具有广泛的工艺适应性、优良的控制性能和较低廉的成本，在各个领域中获得越来越广泛的应用。但由于客观上元件、辅件质量不稳定和主观上使用、维护不当，且系统中各元件和工作液体都是在封闭油路内工作，不像机械设备那样直观，也不像电气设备那样可利用各种检测仪器方便地测量各种参数，液压设备中，仅靠有限几个压力表、流量计等来指示系统某些部位的工作参数，其他参数难以测量，而且一般故障根源有许多种可能，这给液压系统故障诊断带来一定困难。

在生产现场，由于受生产计划和技术条件的制约，要求故障诊断人员准确、简便和高效地诊断出液压设备的故障；要求维修人员利用现有的信息和现场的技术条件，尽可能减少拆装工作量，节省维修工时和费用，用最简便的技术手段，在尽可能短的时间内，准确地找出故障部位和发生故障的原因并加以修理，使系统恢复正常运行，并力求今后不再发生同样的故障。

（一）诊断原则

正确分析故障是排除故障的前提，系统故障大部分并非突然发生，发生前总有预兆，当预兆发展到一定程度即产生故障。引起故障的原因是多种多样的，并无固定规律可循。统计表明，液压系统发生的故障约90%是由于使用管理不善所致。为了快速、准确、方便地诊断故障，必须充分认识液压故障的特征和规律，这是故障诊断的基础。

以下原则在故障诊断中值得遵循：

第一，判明液压系统的工作条件和外围环境是否正常。需首先搞清是设备机械部分或电气控制部分故障，还是液压系统本身的故障，同时查清液压系统的各种条件是否符合正常运行的要求。

第二，区域判断。根据故障现象和特征确定与该故障有关的区域，逐步缩小发生故障的范围，检测此区域内的元件情况，分析发生原因，最终找出故障的具体所在。

第三，掌握故障种类，进行综合分析。根据故障的现象，逐步深入找出多种直接的或间接的可能原因，为避免盲目性，必须根据系统基本原理，进行综合分析、逻辑判断，减少怀疑对象逐步逼近，最终找出故障部位。

第四，验证可能故障原因时，一般从最可能的故障原因或最易检验的地方开始，这样可减少装拆工作量，提高诊断速度。

第五，故障诊断是建立在运行记录及某些系统参数基础之上的。建立系统运行记录，这是预防、发现和处理故障的科学依据；建立设备运行故障分析表，它是使用经验的高度概括总结，有助于对故障现象迅速做出判断；具备一定检测手段，可对故障做出准确的定量分析。

(二)诊断方法

1.逻辑分析逐步逼近诊断

基本思路是综合分析、条件判断。即维修人员通过观察、听、触摸和简单的测试以及对液压系统的理解，凭经验来判断故障发生的原因。当液压系统出现故障时，故障根源有许多种可能。采用逻辑代数方法，将可能故障原因列表，然后根据先易后难原则逐一进行逻辑判断，逐项逼近，最终找出故障原因和引起故障的具体条件。

故障诊断过程中要求维修人员具有液压系统基础知识和较强的分析能力，方可保证诊断的效率和准确性。但诊断过程较烦琐，须经过大量的检查、验证工作，而且只能是定性地分析，诊断的故障原因不够准确。为减少系统故障检测的盲目性和经验性以及拆装工作量，传统的故障诊断方法已远不能满足现代液压系统的要求。随着液压系统向大型化、连续生产、自动控制方向发展，又出现了多种现代故障诊断方法。如铁谱技术诊断，可从油液中分离出来的各种磨粒的数量、形状、尺寸、成分以及分布规律等情况，及时、准确地判断出系统中元件的磨损部位、形式、程度等。而且可对液压油进行定量的污染分析和评价，做到在线检测和故障预防。

基于人工智能的专家诊断系统，它通过计算机模仿在某一领域内有经验专家解决问题的方法。将故障现象通过人机接口输入计算机,计算机根据输入的现象以及知识库中的知识,可推算出引起故障的原因,然后通过人机接口输出该原因,并提出维修方案或预防措施。这些方法给液压系统故障诊断带来广阔的前景,给液压系统故障诊断自动化奠定了基础。但这些方法大都需要昂贵的检测设备、复杂的传感控制系统和计算机处理系统,有些方法研究起来有一定困难,一般情况下不适应于现场推广使用。

2.基于参数测量的故障诊断系统

一个液压系统工作是否正常,关键取决于2个主要工作参数,即压力和流量是否处于正常的工作状态,以及系统温度和执行器速度等参数的正常与否。液压系统的故障现象是各种各样的,故障原因也是多种因素的综合。同一因素可能造成不同的故障现象,而同一故障又可能对应着多种不同原因。例如:油液的污染可能造成液压系统压力、流量或方向等各方面的故障,这给液压系统故障诊断带来极大困难。

参数测量法诊断故障的思路是这样的:任何液压系统工作正常时,系统参数都工作在设计值和设定值附近,工作中如果这些参数偏离了预定值,则系统就会出现故障或有可能出现故障,即液压系统产生故障的实质就是系统工作参数的异常变化。因此当液压系统发生故障时,必然是系统中某个元件或某些元件有故障,进一步可断定回路中某一点或某几点的参数已偏离了预定值。这说明如果液压回路中某点的工作参数不正常,则系统已发生了故障或可能发生了故障,需维修人员马上进行处理。这样在参数测量的基础上,再结合逻辑分析法,即可快速、准确地找出故障所在。参数测量法不仅可以诊断系统故障,而且还能预报可能发生的故障,并且这种预报和诊断都是定量的,大大提高了诊断的速度和准确性。这种检测为直接测量,检测速度快,误差小,检测设备简单,便于在生产现场推广使用。适合于任何液压系统的检测。测量时,既不需停机,又不损坏液压系统,几乎可以对系统中任何部位进行检测,不但可诊断已有故障,而且可进行在线监测、预报潜在故障。

(1)参数测量法原理

只要测得液压系统回路中所需任意点处的工作参数,将其与系统工作的正常值相比较,即可判断出系统工作参数是否正常,是否发生了故障以及故障的所在部位。

液压系统中的工作参数,如压力、流量、温度等都是非电物理量,用通用仪器采用间接测量法测量时,首先需利用物理效应将这些非电量转换成电量,然后经放大、转换和显示等处理,被测参数则可用转换后的电信号代表并显示。由此可以判断液压系统是否有故障。但这种间接测量方法需各种传感器，检测装置较复杂，测量结果误差大、不直观，不便于现场推广使用。

(2)参数测量方法(图3-3)

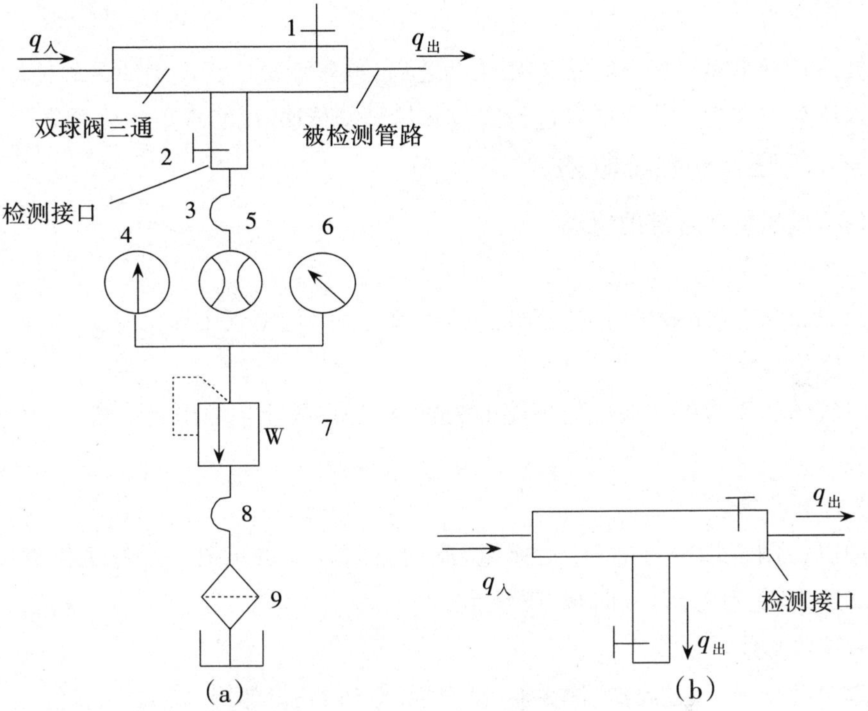

1、2—截止球阀；3、8—软管；4—压力表；

5—流量计；6—温度计；7—溢流阀；9—过滤器

图3-3 故障诊断检测回路

第1步：测压力。首先将检测回路的软管接头与双球阀三通螺纹接口旋紧接通。打开球阀2，关闭溢流阀3，切断回油通道，这时从压力表上可直接读出所测点的压力值(为系统的实际工作压力)。

第2步：测流量和温度。慢慢松开溢流阀7手柄，再关闭球阀1。重新调整溢流阀7，使压力表4读数为所测压力值，此时流量计5读数即为所测点的实际流量值。同时温度计6上可显示出油液温度值。

第3步：测转速(速度)。不论泵、马达或缸，转速或速度仅取决于2个因素，即流量和它本身的几何尺寸(排量或面积)，所以只要测出马达或缸的输出流量(对泵为输入流量)，除以其排量或面积即得到转速或速度值。

第六节　气压传动

气压传动是继机械、电气、液压传动之后，近年才被广泛应用的一种传动方式，它是以压缩空气为工作介质来进行能量和信号的传递，以实现生产自动化。

一、气压传动系统概述

(一)气压传动系统的组成

1.气源装置

获得压缩空气的设备，空气净化设备。如空压机、空气干燥机等。

2.执行元件

将气体的压力能转换成机械能的装置，也是系统能量输出的装置。如气缸、气马达等。

3.控制元件

用以控制压缩空气的压力、流量、流动方向以及系统执行元件工作程序的元件。如压力阀、流量阀、方向阀、逻辑元件等。

4.辅助元件

起辅助作用，如过滤器、油雾器、消声器、散热器、冷却器、放大器、管件等。

(二)气压传动系统的分类

气压传动系统按照选用控制元件来分类，主要可分为如下3类：气阀控制系统、逻辑元件控制系统、射流元件控制系统。其中，气阀控制系统又分为全气阀控制系统与电子电气控制，电磁阀转换系统。

(三)气压传动系统的优缺点

优点：①用空气作介质，取之不尽，来源方便，用后直接排放，不污染环境，不需要回气管路，因此管路不复杂。②空气黏度小，管路流动能量损耗小，适合集中供气远距离输送。③安全可靠，不需要担心防火防爆问题，能在高温、辐射、潮湿、灰尘等环境中工作。④气压传动反应迅速。⑤气压元件结构简单，易加工，使用寿命长，维护方便，管路不容易堵塞，介质不存在变质更换等问题。

缺点：①空气可压缩性大，因此气动系统动作稳定性差，负载变化时对工作速度的影响大。②气动系统压力低，不易增大输出力度和力矩。③气控信号传递速度慢于电子及光速，不适应高速复杂传递系统。④排气噪音大。

二、气压传动的特点

气压传动的优点:①空气来源方便,用后直接排出,无污染。②空气黏度小,气体在传输中摩擦力较小,故可以集中供气和远距离输送。③气动系统对工作环境适应性好。特别在易燃、易爆、多尘埃、强磁、辐射、振动等恶劣工作环境工作时,安全可靠性优于液压、电子和电气系统。④气动动作迅速、反应快、调节方便,可利用气压信号实现自动控制。⑤气动元件结构简单、成本低且寿命长,易于标准化、系列化和通用化。

气压传动的缺点:①运动稳定性较差。因空气可压缩性较大,其工作速度受外负载变化影响大。②工作压力较低(0.3~1MPa),输出力或转矩较小。③空气净化处理较复杂。气源中的杂质及水蒸气必须净化处理。④因空气黏度小,润滑性差,需设置单独的润滑装置。⑤有较大的排气噪声。

三、气压传动的应用

第一,机械制造业。包括机械加工生产线上工件的装夹及搬送,铸造生产线上的造型、捣固、合箱等。在汽车制造中,汽车自动化生产线、车体部件自动搬运与固定、自动焊接等。

第二,电子IC及电器行业。如用于硅片的搬运、元器件的插装与锡焊、家用电器的组装等。

第三,石油、化工业。用管道输送介质的自动化流程绝大多数采用气动控制,如石油提炼加工、气体加工、化肥生产等。

第四,轻工食品包装业。包括各种半自动或全自动包装生产线,例如酒类、油类、煤气罐装、各种食品的包装等。

第五,机器人。例如装配机器人、喷漆机器人、搬运机器人以及爬墙机器人、焊接机器人等。

第六,其他。如车辆刹车装置、车门开闭装置、颗粒物质的筛选、鱼雷导弹自动控制装置等。

第四章　机械制造工艺装备

第一节　金属切削机床

一、机床概述

金属切削机床是指用切削、磨削或特种加工方法加工各种金属工件,使之获得所要求的几何形状、尺寸精度和表面质量的机床,国外称之为“工具机”,我国又称为工作母机,习惯上简称为机床。

(一)机床的基本组成

金属切削机床通常都由以下基本部分组成。

1.动力源

动力源是指为机床提供动力(功率)和运动的驱动部分,如各种交流电动机、直流电动机和液压传动系统的液压泵、液压马达等。

2.传动系统

传动系统包括主传动系统、进给传动系统和其他运动的传动系统,如变速箱、进给箱等部件,有些机床主轴组件与变速箱合在一起称为主轴箱。

3.支承件

支承件是指用于安装和支承其他固定的或运动的部件,以承受其重力和切削力的构件,如床身、底座、立柱等。支承件是机床的基础构件,也称机床大件或基础件。

4.工作部件

工作部件包括以下3个部分:①与最终实现切削加工的主运动和进给运动有关的执行部件,如主轴及主轴箱、工作台及其溜板或滑座、刀架及其溜板以及滑枕等安装工件或刀具的部件。②与工件和刀具安装及调整有关的部件或装置,如自动上下料装置、自动换刀装置、砂轮修整器等。③与上述部件或装置有关的分度、转位、定位机构和操纵机构等。

不同种类的机床,由于其用途、表面形成运动和结构布局的不同,这些工作部件的构成和结构差异很大,但就运动形式来说,主要是旋转运动和直线运动,所以工作部件结构中大多含有轴承和导轨。

5.控制系统

控制系统是指用于控制各工作部件的正常工作系统，主要是指电气控制系统，有些机床局部采用液压或气动控制系统。数控机床的控制系统是数控系统，它包括数控装置、主轴、进给的伺服控制系统(伺服单元)、可编程序控制器、输入装置、输出装置等。

6.冷却系统

冷却系统是指用于对加工工件、刀具及机床的某些发热部位进行冷却的工作系统。

7.润滑系统

润滑系统包括用于对机床的运动副(如轴承、导轨等)进行润滑，以减小摩擦、磨损和发热。

8.其他装置

其他装置包括排屑装置、自动测量装置等。

(二)机床的技术和性能指标

机床的技术和性能指标是根据使用要求提出和设计的，通常包括以下内容。

1.机床的工艺范围

机床的工艺范围是指机床适应不同生产要求的能力，即机床上可以完成的工序种类，能加工的零件类型、毛坯和材料种类，适用的生产规模等。

2.机床的技术参数

机床的技术参数主要包括尺寸参数、运动参数和动力参数等。

(1)尺寸参数

尺寸参数具体反映机床的加工范围，包括主参数、第二主参数和与加工零件有关的其他尺寸参数，如卧式车床，主参数为床身上工件的最大回转直径，第二主参数为最大工件长度。

(2)运动参数

运动参数是指机床执行元件的运动速度，如主轴最高与最低转速、刀架最大与最小进给量等。

(3)动力参数

动力参数是指机床电动机的功率，有些机床还应给出主轴允许承受的最大转矩等其他参数。

3.机床精度

机床精度是指为了保证被加工工件能达到要求的精度和表面粗糙度，并在长期使用中能保持这种能力，机床本身必须具备的精度，它主要包括几何精度、运动精度、传动精度、定位精度、工作精度及精度保持性6个方面。

(1)几何精度

几何精度是指机床在不运动或运动速度较低时各主要部件的形状、相互位置和相对运动的精确程度，如导轨的直线度，主轴径向跳动及轴向窜动，主轴中心线对滑台移动方向的平行度或垂直度等。几何精度直接影响加工工件的精度，是评价机床质量的基本指标，它主要取决于结构设计、制造和装配质量。

(2)运动精度

运动精度是指机床空载并以工作速度运动时，主要零部件的几何位置精度，如高速回转主轴的回转精度。对于高速精密机床，运动精度是评价机床质量的一个重要指标，它与结构设计及制造等因素有关。

(3)传动精度

传动精度是指机床传动系统各末端执行件之间运动的协调性和均匀性。影响传动精度的主要因素是传动系统的设计，传动元件的制造和装配精度。

(4)定位精度

定位精度是指机床的定位部件运动到达规定位置的精度。定位精度直接影响被加工工件的尺寸精度和形状精度。机床构件和进给控制系统的精度、刚度、动态特性，以及机床测量系统的精度都将影响机床的定位精度。

(5)工作精度

加工规定的试件，用该试件的加工精度表示机床的工作精度。工作精度一般用形状精度、尺寸精度、位置精度和表面粗糙度来衡量。工作精度是各种因素综合影响的结果，包括机床自身的精度、刚度、热变形和刀具、工件的刚度及热变形等。

(6)精度保持性

精度保持性是指机床在规定的工作期内，能稳定保持所要求精度的特性。影响精度保持性的主要因素是磨损和变形。

4.机床刚度

机床的刚度是指机床系统抵抗变形的能力。作用在机床上的载荷有多种形式，根据不同的性质，可将载荷分为静载荷和动载荷。不随时间变化或变化极为缓慢的力(如重力)称为静载荷；凡随时间变化的力(如冲击振动力、交变切削力等)称为动载荷。因此，机床刚度被分为静刚度和动刚度。动刚度与机床的抗振性密切相关，通常所说的机床刚度一般是指静刚度，即整台机床在静载荷作用下，各构件及结合面抵抗变形的综合能力。

（三）机床的分类

机床种类繁多，分类比较复杂。机床传统分类方法主要是按其加工原理和加工性质进行分类的。根据我国制定的机床型号编制方法，目前将机床分为11大类：车床、钻床、镗床、磨床、齿轮加工机床、螺纹加工机床、铣床、刨插床、拉床、锯床和其他机床。在每一类机床中，又按工艺范围、布局形式和结构，将其分为若干组，每一组又细分为若干系（系列）。

在上述基本分类方法的基础上，还可根据机床的其他特征进行进一步细分。

1.按应用范围（通用性程度）

（1）通用机床（或称万能机床）

通用机床用于加工多种零件的不同工序，加工范围较广，通用性较大，但结构比较复杂，自动化程度低、生产率低，这种机床主要适用于单件小批量生产，如卧式车床。

（2）专门化机床

专门化机床工艺范围较窄，专门用于加工某一类或几类零件的某一道（或几道）特定工序，如曲轴车床、凸轮轴车床等。

（3）专用机床

专用机床工艺范围最窄，只能用于加工某一种零件的某一道特定工序，适用于大批大量生产，如加工机床主轴箱的专用镗床、加工车床导轨的专用磨床等。

2.按工作精度

根据工作精度，同类型机床又可分为普通精度机床、精密机床和高精度机床，分别为精度、性能等符合有关标准中规定的普通级、精密级和高精度级要求的机床。

3.按自动化程度

按自动化程度，机床可分为手动、机动、半自动和自动机床等。

4.按质量与尺寸

按质量与尺寸，同类型机床分为仪表机床、中型机床（一般机床）、大型机床（质量达10t）、重型机床（质量大于30t）和超重型机床（质量大于100t）。

5.按数控功能

按数控功能，机床又可分为非数控机床、一般数控机床、加工中心、柔性制造单元等。一般情况下，机床根据加工性质分类，再按机床的某些特点加以进一步描述，如高精度万能外圆磨床、立式钻床等。

（四）机床型号

机床型号是指赋予每种机床的一个代号，用以简明地表示机床的类型、通用性、结构特性、主要技术参数等。目前，我国的机床型号是根据2008年颁布的国家标准GB/T15375—2008《金属切削机床型号编制方法》编制的。该标准规定了金属切削机床和回转体加工自动线型号的表示方法，机床的型号由汉语拼音字母和阿拉伯数字按一定规律组合而成，它适用于各类通用机床和专用金属切削机床、自动线，不包括组合机床、特种机床。型号由基本部分和辅助部分组成，中间用“/”隔开，读作“之”。基本部分需统一管理，辅助部分纳入型号与否由企业自定。

1.通用机床型号

通用机床型号用下列方式表示：

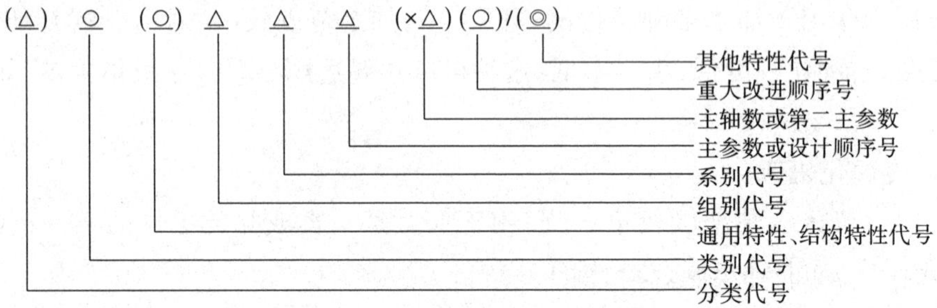

其中：①有“()”的代号或数字，当无内容时则不表示，当有内容时则不带括号；②有“○”符号者，为大写的汉语拼音字母；③有“△”符号者，为阿拉伯数字；④有“◎”符号者，为大写的汉语拼音字母或阿拉伯数字，或两者兼而有之。

（1）机床的分类及类别代号

机床的类别代号用汉语拼音字母（大写）表示，按其相对应的汉字字义读音，如“车床”的汉语拼音是“che chuang”，所以用“C”表示，读作“车”。必要时，每个类别可分为若干分类，分类代号用阿拉伯数字表示，作为型号的首位而位于类别代号前，如磨床可分为M、2M、3M。机床的类别代号见表4–1。

表4–1　机床的类别代号

类别	车床	钻床	镗床	磨床			齿轮加工机床	螺纹加工机床	铣床	刨插床	拉床	锯床	其他机床
代号	C	Z	T	M	2M	3M	Y	S	X	B	L	G	Q
读音	车	钻	镗	磨	二磨	三磨	牙	丝	铣	刨	拉	割	其他

(2)机床的特性代号

机床的特性代号表示机床所具有的特殊性能,包括通用特性和结构特性代号,它们都用大写的汉语拼音字母表示,位于类别代号之后。通用特性代号有统一的固定含义,它在各类机床的型号中表示的意义相同。当某类型机床,既有普通型又有某种通用特性时,则在类别代号之后加通用特性代号予以区别。当在一个型号中需同时使用2~3个通用特性代号时,一般按重要程度顺序排列,通用特性代号如表4-2所示。如果某类型机床仅有某种通用特性,而无普通型时,则通用特性不予表示。如C1312型单轴转塔自动车床,由于这类自动车床没有“非自动”型,所以不必用“Z”表示通用特性。

表4-2 机床的通用特性代号

通用特性	高精度	精密	自动	半自动	数控	加工中心(自动换刀)	仿形	轻型	加重型	柔性加工单元	数显	高速
代号	G	M	Z	B	K	H	F	Q	C	R	X	S
读音	高	密	自	半	控	换	仿	轻	重	柔	显	速

对主参数值相同而结构、性能不同的机床,常在型号中加结构特性代号予以区分。根据各类机床的具体情况,对某些结构特性代号,可以赋予一定含义。但结构特性代号与通用特性代号不同,它在型号中没有统一的含义,只在同类机床中起区分机床结构、性能不同的作用。当型号中有通用特性代号时,结构特性代号应排在通用特性代号之后。结构特性代号用汉语拼音字母(通用特性代号中已用的字母和“I”“O”两个易与数字混淆的字母不能用)表示。例如,CA6140型卧式车床中的“A”可理解为这种型号的车床在结构上有别于C6140型车床。

(3)机床的组别、系别代号

机床的组别和系别代号用两位阿拉伯数字表示,位于类别代号或特性代号之后。每类机床按其结构性能及使用范围划分为10个组,用1位数字(0~9)表示。每组机床又分若干个系(系列),用1位数字(0~9)表示,位于组代号之后。组的划分原则是:在同一类机床中,主要布局或使用范围相同的机床,即为同一组。系的划分原则是:在同一组机床中,主参数相同,并按一定公比排列,工件和刀具本身的和相对的运动特点基本相同,且基本结构及布局形式也相同的机床,即划为同一系。常用机床的组别和系别代号可参考《金属切削机床型号编制方法》(GB/T15375—2008)。表4-3所示的是车床、钻床类组别的划分。

表4-3 车床、钻床类组别划分表

类别	组别									
	0	1	2	3	4	5	6	7	8	9
车床C	仪表小型车床	单轴自动车床	多轴自动半自动车床	回转、转塔车床	曲轴及凸轮轴车床	立式车床	落地及卧式车床	仿形及多刀车床	轮、轴、辊、锭及铲齿车床	其他车床
钻床Z		坐标镗钻床	深孔钻床	摇臂钻床	台式钻床	立式钻床	卧式钻床	铣钻床	中心孔钻床	其他钻床

(4)机床主参数、设计顺序号

机床主参数代表机床规格的大小,用折算值(主参数乘以折算系数,折算系数一般是1/10或1/100,也有少数是1)表示。位于系代号之后。当无法用一个主参数表示某些通用机床时,则在型号中用设计顺序号表示。

(5)主轴数和第二主参数

对于多轴机床,如多轴车床、多轴钻床等,其主轴数应以实际数值列入型号,置于主参数之后,用“×”分开,读作“乘”。单轴可省略,不予表示。第二主参数一般是指最大工件长度、最大跨距、工作台工作面长度等。第二主参数也用折算值表示。

(6)机床的重大改进顺序号

当机床的结构、性能有重大改进,并按新产品重新设计、试制和鉴定时,在原机床型号的尾部需加重大改进顺序号,以区别于原机床,序号按A、B、C……字母的顺序选用。重大改进设计不同于完全的新设计,它是在原有机床的基础上进行改进设计的。

(7)其他特性代号

其他特性代号主要用以反映各类机床的特性,如:对于数控机床,可用来反映所采用的不同控制系统等;对于加工中心,可用来反映控制系统、联动轴数、自动交换主轴头、自动交换工作台等;对于一般机床,可以反映同一型号的变形等。其他特性代号用汉语拼音字母(“I”“O”两个字母除外)表示,其中,L表示联动轴数,F表示复合。

例如,MG1432A型高精度万能外圆磨床的型号含义为:M—类别代号(磨床类);G—通用特性代号(高精度);1—组别代号(外圆磨床组);4—系别代号(万能外圆磨床系);32—主参数(最大外圆磨削直径为320mm);A—重大改进顺序号(第一次重大改进)。

2.专用机床型号

专用机床的型号一般由设计单位代号和设计顺序号组成,其表示方法如下。

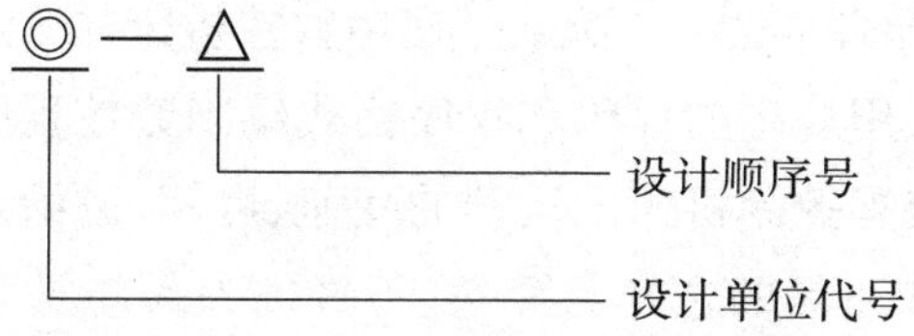

设计单位代号包括机床生产厂代号和机床研究单位代号,位于型号之首。专用机床的设计顺序号按该单位的设计顺序号排列,从001开始,位于设计单位代号之后,并用“—”隔开,读作“至”。如某单位设计制造的第100种专用机床,其型号为:×××—100。

3.机床自动线型号

机床自动线的型号由设计单位代号、机床自动线代号和设计顺序号组成,由通用机床或专用机床组成的机床自动线代号为“ZX”,读作“自线”,机床自动线的型号表示方法如下。

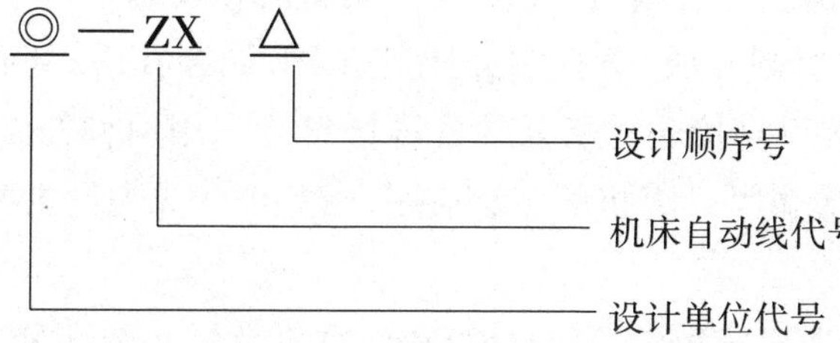

例如,某单位以通用机床或专门为某厂设计的第一条机床自动线,其型号为:×××—ZX001。

二、数控机床

(一)数控机床的概念

数控机床是数字控制机床的简称,是一种装备数控系统的机床,该系统能处理具有特定代码和其他符号编码指令规定的程序。

数控系统是程序控制系统,能处理输入到系统中具有特定代码的程序,并将其译码,从而控制机床运动并加工零件。计算机数控(CMC)系统是由装有数控系统程序的专用计算机、输入/输出设备、可编程序控制器(PLC)、存储器、主轴驱动装置及进给驱动装置等部分组成的控制系统。

数控加工就是根据零件图及工艺要求等原始条件编制零件数控加工程序,并将其输入数控系统，以控制数控机床中刀具与工件的相对运动，从而完成零件的加工。

(二)数控机床的组成

数控机床的工作原理如图4-1所示。使用数控机床加工零件时，操作者首先应按照加工图纸的要求，用规定的代码和程序格式编制数控程序，将数控程序输入到数控装置，再由数控装置控制机床主运动的变速、启停，进给运动的方向、速度和位移大小，以及其他诸如刀具的选择与交换、工件的夹紧与松开、冷却与润滑的启停等辅助动作，使刀具与工件及其他辅助装置严格按照数控程序规定的顺序、路线、参数进行工作，从而加工出形状、尺寸与精度符合要求的零件。

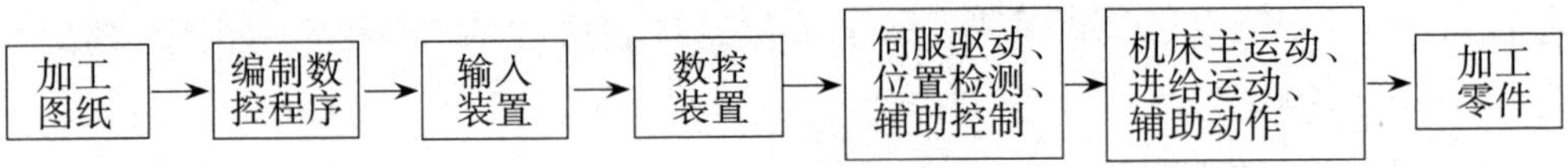

图4-1 数控机床的工作原理

数控机床一般是由控制介质、数控装置、伺服驱动系统和机床机械部件组成。

1.控制介质

使用数控机床加工零件时，所需的各种控制信息要靠某种中间载体携带和传输，这种载体称为“控制介质”。控制介质有多种，如穿孔带、穿孔卡、磁带及磁盘等，也可通过通信接口直接输入所需的各种信息。采用何种控制介质则取决于数控装置的类型。随着微型计算机的广泛应用，磁盘正在成为最主要的控制介质。

2.数控装置

数控装置可分为普通数控系统(NC)和计算机数控系统(CNC)2大类。前者利用专用的控制计算机，又称硬件数控；后者利用通用的小型计算机或微型计算机加软件，又称软件数控。数控装置是数控机床的核心，一般由输入装置、控制器、运算器和输出装置等组成。

3.伺服驱动系统

伺服驱动系统由伺服驱动电路和伺服驱动装置组成，并与机床上的执行部件和机械传动部件组成数控机床的进给系统。它根据数控装置发来的速度和位移指令控制执行部件和机械传动部件的进给速度、方向和位移。

4.机械部件

数控机床的机械部件包括主运动部件、进给运动执行部件(如工作台)、拖板及其传动部件和床身、立柱等支承部件及冷却、润滑、转位和夹紧等辅助装置。对于加工中心类的数控机床，机械部件还包括存放刀具的刀库、交换刀具的机械手等部件。

(三)数控机床的特点

数控机床是实现柔性自动化的重要设备,与其他加工设备相比,数控机床具有如下特点。

1.适应性强

加工对象改变时,除更换刀具和解决工件装夹方式外,只需改变程序即可,特别适应目前多品种、小批量、变化快的生产特点。

2.加工精度高,加工质量稳定

数控加工的尺寸精度一般在0.005~0.01mm之间,不受零件结构的影响。数控机床加工过程中,机床自始至终都在规定的控制指令下工作,消除了操作者的人为误差。因此数控机床加工精度高,尺寸一致性好,加工质量十分稳定。

3.自动化程度高

数控加工过程中,除工件装夹外,其他加工过程全由机床自动完成,大大降低了操作者的劳动强度,改善了劳动条件。

4.生产效率高

数控机床自动化程度高,可实现刀具自行更换、工件自动检测;切削加工中可采用最佳切削参数和走刀路线;工件一次装夹后,除定位装夹表面不能加工外,其余表面均可加工;生产准备周期短,加工对象变化一般不需要专门的工艺装备设计制造时间。

5.易于建立计算机通信网络

数控机床使用数字信息作为控制信息,易于与CAD系统连接,从而形成CAD/CAM一体化,它是FMS、CIMS等现代制造技术的基础。

(四)数控机床的分类

数控机床的种类很多,通常从以下3个方面进行分类。

1.按工艺用途分类

(1)普通数控机床

普通数控机床是指在加工工艺过程中的一个工序上实现数字控制的自动化机床,可分为数控车床、数控铣床、数控镗床、数控磨床和数控齿轮加工机床等。它和普通机床的工艺用途相似,但生产效率和自动化程度较普通机床的高。

(2)加工中心

加工中心是指配有刀库和自动换刀装置的数控机床。工件一次装夹能完成多道工序。一般分为立式加工中心、卧式加工中心、龙门式加工中心等。它适合于产品更换频繁、零件形状复杂、精度要求高、生产批量大的零件加工。

(3)多坐标数控机床

多坐标数控机床是指数控装置同时控制的轴数超过3个的机床，如螺旋桨、飞行器曲面等形状复杂的零件，若用一般的数控机床是无法加工的，需要3个以上坐标的合成运动才能加工出所需形状。现常用的是4~6坐标的数控机床。

2.按控制运动轨迹分类

(1)点位控制数控机床

点位控制数控机床的数控装置只控制刀具或机床的工作台从一点准确地移动到另一点，而对它们的运动轨迹没有严格要求，并且在运动和定位过程中不进行任何加工。常见的有数控钻床、数控镗床等。

(2)直线控制数控机床

直线控制数控机床的数控装置不仅要控制刀具或机床的工作台从一点准确地移动到另一点，而且还要控制移动速度和轨迹，实现平行于坐标轴的直线进给运动，在移动部件移动时进行切削加工。常见的有数控车床、数控铣床等。

(3)轮廓控制数控机床

轮廓控制(又称连续控制)数控机床的数控装置能够对2个或2个以上的坐标轴同时进行严格的连续控制。它不仅要控制移动部件从一点准确地移动到另一点，而且还要控制整个加工过程每一点的速度和位移量，使其加工出符合图样要求的形状复杂的零件。常见的有数控铣床、数控车床、加工中心等。

3.按控制方式分类

(1)开环控制数控机床

开环控制系统是不带反馈装置，只按照数控装置的指令脉冲进行工作，不对移动部件的实际位移进行检测和反馈的控制系统。它通常采用功率步进电动机或电液脉冲马达作为执行元件。这种系统结构简单、调试方便、价格低廉、易于维修，但精度较低(±0.02mm)，多用于经济型数控机床上。

(2)闭环控制数控机床

闭环控制系统是指在机床移动部件上装有位置检测装置的控制系统。在加工过程中，位置检测装置随时将测量到的位移量反馈给数控装置的比较器，并与输入指令进行比较，用差值控制运动部件，使运动部件严格按实际需要的位移量运动。这种系统加工精度高、移动速度快，但安装调试比较复杂，且位置检测装置造价较高，多用在高精度数控机床和大型数控机床上。

(3)半闭环控制数控机床

半闭环控制系统是在开环控制伺服电动机轴上装有角位移检测装置的控制系统。它通过检测伺服电动机的转角间接地检测出移动部件的位移(或角位移),将其反馈给数控装置的比较器,并与输入指令进行比较,用差值控制运动部件。这种系统测量装置简单,安装调试十分方便,并具有良好的系统稳定性,但精度低于闭环控制系统,多用于中档数控机床上。

(五)加工中心

加工中心是备有刀库,并能自动更换刀具,对工件进行多工序加工的数字控制机床。工件经一次装夹后,数字控制系统能控制机床按不同工序,自动选择和更换刀具,自动改变机床主轴转速、进给量和刀具相对工件的运动轨迹及其他辅助功能,依次完成工件上多工序的加工。加工中心由于工序的集中和自动换刀,减少了工件的装夹、测量和机床调整等的时间,使机床的切削时间达到机床运行时间的80%左右(普通机床仅为15%~20%)。加工中心的应用可大大减少机床的数量,减少工序之间的工件周转、搬运和存放,减少装卸工件和换刀等辅助工序的时间,可消除多次安装造成的定位误差,更易于实现高精度、高效率、高度自动化加工和节约加工成本。

第一台加工中心是1958年由美国卡尼—特雷克公司首先研制成功的。它在数控卧式镗铣床的基础上增加了自动换刀装置,实现了工件一次装夹后即可进行铣削、钻削、镗削、铰削和攻螺纹等多种工序的集中加工。20世纪70年代以来,加工中心得到迅速发展,但是从总体上来看其基本组成大体相同,主要包括以下部分。

1.基础部件

基础部件包括床身、立柱、横梁和工作台等。它们是加工中心中质量和体积最大的部分,承受了大部分载荷,所以它们必须具有足够的强度和刚度,较好的制造精度和较小的热变形。

2.主轴部件

主轴部件是加工中心的关键部件,由主轴箱、主轴电动机和主轴轴承组成。

3.数控系统

数控系统由CNC装置、可编程序控制器、伺服驱动装置和操纵面板等部件组成,主要功能是控制加工中心完成各种加工动作。

4.自动换刀装置

自动换刀装置主要包括刀库、机械手、运刀装置等。该装置在数控系统的控制下可以完成换刀动作。

5. 辅助装置

辅助装置主要由润滑、冷却、排屑、防护、液压和检测装置构成。

加工中心的加工质量和加工效率高，具有高度的柔性，应用越来越广，但其种类较多，在选用加工中心时需根据自身需要考虑。

(1)选定加工中心种类

零件以回转面为主，则可选用车削中心。若其上还有键槽、小平面、螺孔等需要加工，则要选择带动力头的车削中心，带有分度功能的C轴等；箱体零件的加工往往选择卧式加工中心，对模具、叶片等的加工则宜选用立式加工中心。

(2)根据加工表面及曲面的复杂程度，决定其联动轴数

一般采用三轴三联动或三轴两联动式加工中心。对复杂曲面加工，往往需要四轴三联动式，甚至五轴五联动式加工中心。

(3)根据工件尺寸范围考虑其尺寸、型号

主要考虑x、y、z轴行程及工件大小、承重，再考虑其精度等级要求。加工中心导轨有的采用贴塑导轨，有的采用滚动导轨。贴塑导轨负载能力较大，适宜有较重负载切削的工况；滚动导轨磨损小，运动速度快，适宜切削力较小的工况。当切削力过大时，为了提高机床刚性，还可以选用龙门式结构的加工中心。

(4)其他功能

加工中心往往还带有接触式测头，测头占一把刀具的工位，可以由程序控制调出，检测加工表面的精度，以防止切削力下变形过大的现象出现。有些加工中心还有自适应控制功能，即根据电动机功率来自动调整切削用量，以达到提高生产率、保护设备和刀具的目的。

加工中心适宜于加工形状复杂、工序多、精度要求较高、需要多种类型的普通机床和众多刀具夹具，且经多次装夹和调整才能完成加工的零件。其加工的主要对象有箱体类零件，盘、套、板类零件，外形不规则零件，复杂曲面，刻线、刻字、刻图案以及其他特殊加工。加工中心的主要选择对象如下：①中小批量轮番生产并有一定复杂程度的零件；②有多个不同位置的平面和孔系需加工的箱体或多棱体零件；③有较高的位置精度要求，更换机床加工时很难保证加工要求的零件；④加工精度一致性要求较高的零件；⑤切削条件多变的零件，例如，某些零件由于形状特点需切槽、镗孔、攻螺纹等；⑥可成组安装在工作台上，进行多品种混流加工的零件；⑦结构或形状复杂，普通加工时操作困难，工时长，加工效率低的零件；⑧可镜像加工的零件等。

(六)并联机床

并联机床是指用并联机构作为进给传动机构的数字控制机床,又称并联结构机床、虚拟轴机床。它基于空间并联机构Stewart平台原理开发,采用机械闭环结构。其基本特征:安装刀具的运动平台有多个支路连接到固定平台上,没有滑台,没有导轨,通过支路上的运动副驱动平台运动、改变刀具的位姿和实现刀具的进给运动。1994年,并联机床在美国芝加哥机床展上首次面世即被誉为"21世纪的机床",成为机床家族中最有生命力的新成员。

并联机床是机构学理论、机器人技术与数控技术相结合的产物,同时兼顾了三者的优良特性。它克服了传统机床串联机构刀具只能沿固定导轨进给、刀具作业自由度偏低、设备加工灵活性和机动性不够等固有缺陷,可实现多坐标联动数控加工、装配和测量多种功能,更能满足复杂特种零件的加工。这种新型机床完全打破了传统机床结构的概念,抛弃了固定导轨的刀具导向方式,采用多杆并联机构驱动,大大提高了机床的刚度,使加工精度和加工质量都有较大的改进。另外,其进给速度的提高,使高速、超高速加工更容易实现。这种机床由于具有高刚度、高承载能力、高速度、高精度以及重量轻、机械结构简单、制造成本低、标准化程度高等优点,因此受到学术界的广泛关注。当然,并联机床进入实用领域,还有许多问题需要解决。

三、机床的选用

合理选用机床应考虑的因素很多。首先是机床的工艺适应性,即所选机床的工艺特点应能满足零件的成形要求。其次是所选机床的加工精度与被加工零件的尺寸公差、几何公差、表面粗糙度等要求相适应。此外还应考虑经济性、生产的类型和批量、加工效率、自动化程度以及人员的技术水平、环境和劳动保护情况等。

(一)普通机床的适用范围和工艺特点

1.车床的适用范围和工艺特点

(1)卧式车床

卧式车床适用于单件、小批量生产,可完成车削内外圆柱面、圆锥面、成形回转面、车削端面和螺纹,用滚花刀进行滚花,由尾座完成钻孔、扩孔、铰孔、攻螺纹和套螺纹等,但自动化程度低,辅助运动由手工操作完成,生产率较低。

(2)转塔车床

与卧式车床相比,转塔车床的尾座由转塔刀架代替,只做纵向运动,前刀架可做纵向和横向运动,转塔的六角面上可利用附具分别安装挡料块车刀、钻头、铰刀等切削刀具和工具，也可在一个附具上安装数把车刀以实现多刀同时加工。该机床适用于成批生产。

(3)立式车床

立式车床适用于单件小批生产加工径向尺寸大而轴向尺寸相对较小的大型和重型零件，如各类盘、轮类零件。立式车床可分单立柱式和双立柱式，前者用于加工直径较小(一般小于1600mm)的零件，后者用于加工直径较大(一般大于2000mm)的零件。

2.镗床的适用范围和工艺特点

(1)金刚镗床

金刚镗床是一种高速精密镗床，因以前采用金刚石镗刀而得名。金刚镗床适用于加工精度高、表面粗糙度小的孔。机床刚度高，加工精度很高。主轴中心线位置按工件孔距可进行调整。工件安装在工作台上，工作台沿床身导轨由液压传动实现半自动进给工作循环。

(2)坐标镗床

坐标镗床有立式单柱、立式双柱和卧式等主要类型。

坐标镗床是一种高精密机床，其加工工艺范围较广，除镗孔、钻孔、扩孔、铰孔、精铣平面和沟槽外，还可进行紧密刻线和划线，以及孔距直线尺寸的精密测量等工作。生产中它主要用于镗削精密的孔(IT5级或更高)和位置精度要求很高的孔系(定位精度达0.002～0.01mm)的加工。

3.刨床类机床的适用范围和工艺特点

(1)牛头刨床

牛头刨床适用于单件小批生产，主要用于加工平面、斜面、沟槽等，调整简便，易于操作。

(2)插床

插床，主要用于加工沟槽、平键槽、花键孔、多边孔等。工件装在工作台上，除能做直线进给外，还能做圆周进给或进行分度。插床的生产率较低。

(3)龙门刨床

龙门刨床适用于大型零件的平面或沟槽的加工。龙门刨床有2个垂直刀架和2个水平刀架，可同时加工一个零件的几个平面，或几个零件一起装夹同时加工。工作台能做无级调速并实现直线往复主运动，刀架做间歇进给运动。该机床刚性好，生产率高。

4.钻床类机床的适用范围和工艺特点

(1)立式钻床

立式钻床适合在中小型工件上钻孔、扩孔、铰孔和攻螺纹。立钻可以自动进给,操作简便,但每加工完一个孔后,需移动工件对准下一个孔的位置再加工,劳动强度大。

(2)摇臂钻床

摇臂钻床适用于单件小批生产,主要用于钻孔、扩孔、铰孔和攻螺纹。工件一次装夹后,就能顺序加工各个不同位置的孔,机床的变速机构、摇臂升降、回转及夹紧可由液压传动来实现,使用方便,生产效率高。

(3)可调式多轴立式钻床

可调式多轴立式钻床适用于多孔工件的成批生产。工件安装在工作台上,主轴轴线位置可根据加工孔的位置进行调整,以适应多孔同时加工,多轴箱可沿立柱上下移动,并完成半自动工作循环,生产率高。

5.铣床类机床的适用范围和工艺特点

(1)卧式万能升降台铣床

卧式万能升降台铣床适合于加工平面、斜面、沟槽和成形表面。使用机床附件如立铣头、分度头及圆形工作台,可扩大加工范围,如加工铣刀螺旋表面、分齿零件的局部表面等。

(2)立式铣床

立式铣床适合于加工平面、斜面、沟槽、台阶等。立式铣床的主轴垂直布置,除工作台能做3个相互垂直方向的进给运动快速移动外,主轴可沿轴线做进给调位移动,又能在垂直平面内调整一定角度。

(3)龙门铣床

龙门铣床适合于对大中型工件,如床身导轨、箱体、机座等零件的平面或成形面的加工。龙门铣床的横梁和立柱上分别安装有铣头,每个铣头都有独立的主运动、进给运动和调位移动。工件紧固在工作台上做纵向直线进给运动,可用多把铣刀同时加工几个表面,生产率高。

6.齿轮加工机床的适用范围和工艺特点

(1)滚齿机

滚齿机适合于加工直齿、螺旋齿圆柱齿轮和蜗轮。按展成法原理加工,生产率高。

(2)插齿机

插齿机适合于加工双联及多联的内外直齿圆柱齿轮。用展成法原理加工。加工精度较高,但生产率较低。

(3)剃齿机

剃齿机适合精加工未经淬火的齿轮,但不宜加工多联的小齿轮。淬火后的齿轮,可用珩齿机或磨齿机进行精加工。

7.磨床的适用范围和工艺特点

(1)平面磨床

平面磨床根据砂轮主轴的布置及工作台形状的不同分为卧轴矩台式、卧轴圆台式、立轴矩台式和立轴圆台式。平面磨床适合于磨削平面,主运动由砂轮实现,分周边切削和端面切削2种。工件由工作台上的电磁吸盘吸紧并由工作台带动实现进给运动。

(2)万能外圆磨床

万能外圆磨床适合于磨削内外圆柱面、内外圆锥面以及轴和孔的台肩面。工件由工作台上的头架并利用三爪卡盘或前后顶尖夹持,由头架带动做圆周进给运动,由工作台带动做纵向进给运动。砂轮架、头架、工作台均可回转一定角度以适应不同工件的加工。

(3)无心外圆磨床

无心外圆磨床适合于细长、简单的圆柱表面加工,如小轴、销、细长轴、套类零件的外圆磨削。工件安置在砂轮与导轮之间,其中心略高于它们的中心线,以工件本身的圆柱表面作定位基准,利用磨削力和导轮双曲面对工件的摩擦力使工件做圆周进给运动和轴向进给运动。工件原始形状误差将影响它的圆度,装卸工件简单方便、生产率高。

(4)普通内圆磨床

普通内圆磨床适合于对内圆柱孔和内圆锥孔的磨削。工件由工作台上的头架并利用三爪卡盘夹持做圆周进给运动,内圆磨头(砂轮)高速旋转。工件头架可回转一定角度,由工作台带动做纵向进给运动。

(二)根据典型表面的加工方案选择机床

典型表面主要指平面、外圆面、内孔面、渐开线齿面等,典型表面的加工方案主要考虑工件的精度要求,以及生产类型、零件的结构和大小、工件材料及热处理等因素。现根据尺寸公差等级和表面粗糙度Ra(μm)的要求列出典型表面的一般加工方案。

外圆面加工方案如表4-4所示。平面加工方案如表4-5所示。

表4-4 外圆面加工方案

序号	加工方案	经济精度等级	表面粗糙度Ra/μm	适用范围
1	粗车	IT13 ~ IT11	12.5 ~ 25	加工除淬硬钢以外的各种金属
2	粗车—半精车	IT10 ~ IT8	6.3 ~ 3.2	
3	粗车—半精车—精车	IT8 ~ IT7	1.6 ~ 0.8	
4	粗车—半精车—精车—抛光	IT7 ~ IT6	0.2 ~ 0.025	
5	粗车—半精车—精车—金刚石车	IT6 ~ IT5	0.4 ~ 0.025	加工非铁金属
6	粗车—半精车—精车—研磨	IT5 ~ IT3	0.1 ~ 0.008	加工钢或铸铁，主要用于淬火钢。其中序号6、11和12多用于单件小批生产；9主要用于电镀前的预加工；10多用于大批量生产
7	粗车—半精车—磨削	IT7 ~ IT6	0.8 ~ 0.4	
8	粗车—半精车—粗磨—精磨	IT6 ~ IT5	0.4 ~ 0.1	
9	粗车—半精车—粗磨精磨—抛光	IT7 ~ IT6	0.2 ~ 0.1	
10	粗车—半精车—粗磨—精磨—超精加工	IT5以上	0.1 ~ 0.05	
11	粗车—半精车—粗磨—精磨—超精磨	IT5以上	< 0.025	
12	粗车—半精车—粗磨—精磨—研磨	IT5 ~ IT3	< 0.1	

表4-5 平面加工方案

序号	加工方案	经济精度等级	表面粗糙度Ra/μm	适用范围
1	粗车	IT13 ~ IT11	25 ~ 12.5	回转体零件的端面（非铁金属、铸铁、钢）
2	粗车—半精车	IT10 ~ IT8	6.3 ~ 3.2	
3	粗车—半精车—精车	IT8 ~ IT7	1.6 ~ 0.8	
4	粗车—半精车—磨削	IT8 ~ IT6	0.8 ~ 0.2	
5	粗车—半精车—精车—金刚石车	IT6	0.8 ~ 0.2	
6	粗铣（或粗刨）	IT13 ~ IT11	25 ~ 12.5	未淬硬平面
7	粗铣（或粗刨）—精铣（或精刨）	IT10 ~ IT8	6.3 ~ 3.2	
8	粗铣（或粗刨）—半精铣（或半精刨）—精铣（或精刨）	IT8 ~ IT7	3.2 ~ 1.6	
9	粗铣—拉削	IT9 ~ IT7	0.8 ~ 0.2	大量生产，未淬硬的较小平面

表4-5（续）

序号	加工方案	经济精度等级	表面粗糙度Ra/μm	适用范围
10	粗铣（或粗刨）—精铣（或精刨）—宽刃精刨	IT7	0.8～0.2	未淬硬平面（单件小批采用刮研方案）
11	粗铣（或粗刨）—精铣（或精刨）—刮研	IT7～IT6	0.8～0.1	
12	粗铣（或粗刨）—精铣（或精刨）—粗磨—精磨	IT7～IT6	0.4～0.025	精度要求较高的淬硬或未淬硬平面
13	粗铣—精铣—磨削—研磨	IT5以上	0.1～0.008	高精度平面

孔加工方案如表4-6所示。

表4-6 孔加工方案

序号	加工方案	经济精度等级	表面粗糙度Ra/μm	适用范围
1	钻	IT13～IT11	12.5	大批量生产加工未淬火钢及铸铁的实心毛坯，也可用于加工非铁金属，孔径≤20mm
2	钻—铰	IT10～IT8	6.3～1.6	
3	钻—粗铰—精铰	IT8～IT7	1.6～0.8	
4	钻—扩	IT11～IT10	12.5～6.3	大批量生产加工未淬火钢及铸铁的实心毛坯，也可用于加工非铁金属，孔径＞20mm
5	钻—扩—铰	IT9～IT8	3.2～1.6	
6	钻—扩—粗铰—精铰	IT7	1.6～0.8	
	钻—扩—机铰—手铰	IT7～IT6	0.4～0.2	
7	钻—扩—拉	IT9～IT7	1.6～0.1	大批量生产加工小零件的通孔
8	粗镗（或扩孔）	IT13～IT11	12.5～6.3	除淬火钢外的各种材料；毛坯有铸出或锻出的孔
9	粗镗（粗扩）—半精镗（精扩）	IT10～IT9	3.2～1.6	
10	粗镗（粗扩）—半精镗（精扩）—精镗（铰）	IT8～IT7	1.6～0.8	
11	粗镗（粗扩）—半精镗（精扩）—精镗—浮动镗刀精镗	IT7～IT6	0.8～0.4	
12	粗镗（扩）—半精镗—磨孔	IT8～IT7	0.8～0.2	主要用于淬火钢，也可用于未淬火钢
13	粗镗（扩）—半精镗—粗磨—精磨	IT7～IT6	0.2～0.1	
14	粗镗—半精镗—精镗—精细镗（金刚镗）	IT7～IT6	0.4～0.05	用于加工非铁金属

表4-6（续）

序号	加工方案	经济精度等级	表面粗糙度Ra/μm	适用范围
15	钻—扩—粗铰—精铰—珩磨	IT7～IT6	0.2～0.025	用于加工钢铁金属且精度要求很高的孔
16	粗镗—半精镗—精镗—研磨	IT7～IT6	0.2～0.025	用于加工钢铁金属且精度要求很高的孔

实际生产中，某一零件的具体加工方案主要取决于工件的结构特点、尺寸精度和表面粗糙度要求等。

（三）根据工件的几何公差要求选用机床

典型机床加工工件需要达到的几何精度如表4-7所示。

表4-7 典型机床加工的几何精度

机床	主电动机功率/kW	工件测量尺寸/mm	圆度/mm	圆柱度/mm	平面度/mm	平行度/mm	垂直度/mm	表面粗糙度Ra/μm
CA6140卧式车床	7.5	D=400 L=100	0.01	0.01	0.025	—	—	1.6
C5116C单轴立式车床	40	D=1600 L=1500	0.015	0.03	0.05	—	—	—
T6112卧式铣镗床	10	D=300 L=200	0.02	0.02	0.02	—	—	1.6
B6050D牛头刨床	4	L=300 H=50	—	—	0.025	0.03	0.02	—
B2012A龙门刨床	60	B=1250 L=2000 H=300	—	—	0.03	0.02	0.02	—
X6132C万能升降台铣床	7.5	L=150	—	—	0.02	0.02	0.02	1.6
X5030立式升降台铣床	7.5	L=150	—	—	0.02	0.02	0.02	1.6
L5110或L6120立式或卧式	17或22	H=40 D=200	—	—	—	0.06或0.08	—	—
M7120A卧轴矩台平面磨床	2.8	L=1000	—	—	—	0.015	—	0.2

表4-7（续）

机床	主电动机功率/kW	工件测量尺寸/mm	圆度/mm	圆柱度/mm	平面度/mm	平行度/mm	垂直度/mm	表面粗糙度 Ra/μm
M7232B立轴矩台平面磨床	17	*L*=1000	—	—	—	0.015	—	0.8
M7475B立轴圆台平面磨床	25	*L*=100	—	—	—	0.02	—	0.8
M1432A万能外圆磨床	4	*D*=320 *L*=1000	0.003	0.008	—	—	—	0.2
M2110内圆磨床	3	*D*=100	0.006	0.005	0.008（端面）	—	0.01（端面对孔中心线）	0.4

第二节　金属切削刀具

切削刀具是支撑和促进切削加工技术进步的关键因素，担负着材料成形过程中的减材重任。随着科学技术的不断进步，切削刀具的种类日益繁多，从过去简单的铣刀逐渐开发出的可转位铣刀、机夹式车刀等，多功能复合刀具、高速高效刀具、精密切削刀具将成为刀具发展的主流。同时，针对日益增多的难加工材料和种类繁多的复杂结构零部件，切削刀具行业需要在改进刀具材料、研发新的刀具材料和优化刀具结构等方面做出努力。

一、刀具几何结构

不同加工方式采用切削刀具的几何结构有很大的差别，如车刀、铣刀、钻头、拉刀等，但是这些刀具的切削部分均具有相似之处。通过分析其中一种刀具的几何结构，可演化出其他类似的刀具。以最常见、最普通的外圆车刀为例，车刀由刀头、刀体2部分组成，如图4-2所示。刀体的作用是把车刀装夹在刀架上，又称夹持部分，刀头则用于实现切削功能，又称切削部分。车刀的切削部分由3个刀面、2个刀刃和1个刀尖组成，其相互关系如图4-3所示，具体定义如下：①前刀面 A_γ，刀具上切屑流过的表面。②主后刀面 A_a，刀具上与工件上加工表面相互作用或相对应的表面。③副后刀面 A_a'，刀具上与工件已加工表面相互作用或相对应的表面。④主切削刃S，刀具上前刀面与主后刀面的交线。⑤副切削刃S′，刀具上前刀面与副后刀面的交线。⑥刀尖，主、副切削刃交汇处的一段切削刃。

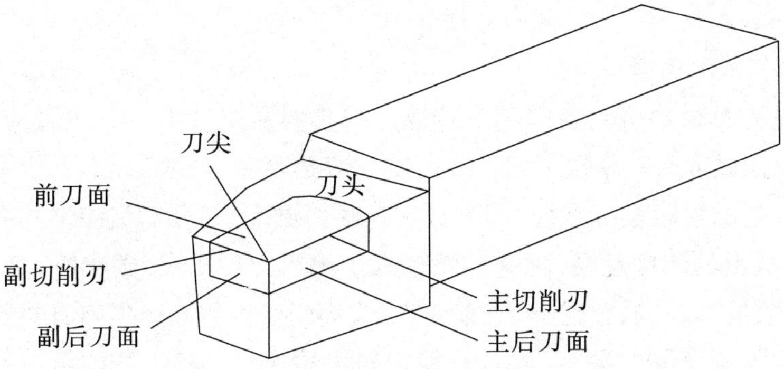

图4-2 车刀的基本结构

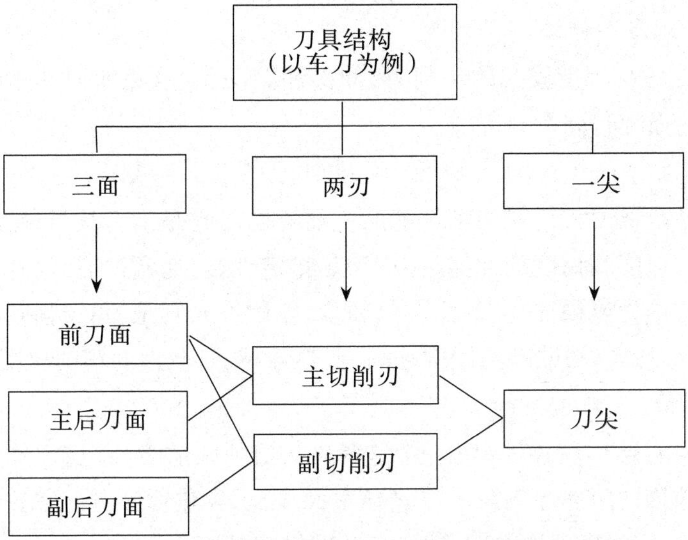

图4-3 车刀各组成部分之间的相互关系

为了适应不同加工的需要，提高刀尖的强度和耐用度，往往把刀尖刃磨成圆弧形或直线形的过渡刃。常用的刀尖形状有3种：交点刀尖、修圆刀尖和倒角刀尖。

另外，为了增加刀尖的抗冲击能力和降低加工表面粗糙度，副切削刃近刀尖处一般会有一小段平直的切削刃，这就是修光刃。修光刃与进给方向平行且长度大于工件每转360°车刀沿进给方向的移动量，这样就可以起到修光作用。

二、刀具材料

（一）刀具材料的性能

金属切削时，刀具切削部分直接和工件及切屑相接触，承受着很大的切削载荷和冲击,并受到工件和切屑的剧烈摩擦,产生很高的切削温度,即刀具切削部分是在高温、高压及剧烈摩擦的恶劣条件下工作的。因此,刀具切削部分材料应具备以下性能。

1. 高的硬度和耐磨性

硬度是刀具材料应具备的基本特性。刀具要从工件上切下切屑,其硬度必须比工件材料的硬度大。常温下刀具的硬度一般必须在60HRC以上。

耐磨性是指材料抵抗磨损的能力,它与材料硬度、强度和组织结构有关。一般来说,刀具材料的硬度越高,耐磨性就越好。组织中硬质点(碳化物、氮化物等)的硬度越高,数量越多,颗粒越小,分布越均匀,则耐磨性越高。但刀具材料的耐磨性实际上不仅取决于它的硬度,而且也和它的化学成分、强度、纤维组织及摩擦区的温度有关。

2. 足够的强度和韧性

切削时刀具要承受较大的切削力、冲击和振动,为避免崩刀和折断,刀具材料应具有足够的强度和韧性。

3. 较高的耐热性

耐热性是衡量刀具材料切削性能的主要标志。它是指刀具材料在高温下保持硬度、耐磨性、强度和韧度的性能(亦称为热稳定性)。通常把材料在高温下仍保持高硬度的能力称为热硬性(亦称为高温硬度、红硬性),它是刀具材料保持切削性能的必备条件。刀具材料的高温硬度越高,耐热性越好,允许的切削速度就越高。

4. 导热性好

刀具材料的导热性越好,切削热越容易从切削区散走,有利于降低切削温度。刀具材料的导热性用热导率表示。热导率大,表示导热性好,切削时产生的热量就容易传散出去,从而降低切削部分的温度,减轻刀具磨损。

5. 具有良好的工艺性和经济性

刀具材料本身的可切削性能、耐磨性能、热处理性能、焊接性能等要好,以便制造成各种刀具,而且要追求高的性能价格比。

(二)刀具材料的分类

金属切削刀具材料包括工具钢(如碳素工具钢、合金工具钢)、高速钢、硬质合金、涂层刀具、金属陶瓷、陶瓷和超硬材料(如金刚石、立方氮化硼)等。其中,高速钢、硬质合金和涂层刀具是目前最常用的刀具材料。

1. 高速钢

高速钢是一种加入了较多的钨、钼、铬、钒等合金元素的高合金工具钢。高速钢有较高的强度,抗弯强度是硬质合金的2~3倍;韧度比硬质合金高几十倍。高速钢的硬度在63HRA以上,且有较好的耐热性,在切削温度达到500~650℃时,尚能进行切削。高速钢可加工性好,热处理变形较小,目前常用于制造各种复杂刀具(如钻头、丝锥、拉刀、成型刀具、齿轮刀具等)。高速钢刀具可以加工从非铁金属到高温合金的各种材料。表4-8列出了几种常用高速钢的牌号及其主要用途。

表4-8 常用高速钢的牌号及其主要用途

类别		牌号	主要用途
普通高速钢		W18Cr4V	广泛用于制造钻头、铰刀、铣刀、拉刀、丝锥、齿轮等
		W6Mo5Cr4V2	用于制造要求热塑性好和受较大冲击载荷的刀具，如轧制钻头等
		W9Mo3Cr4V	用于制造要求热塑性好和受较大冲击载荷的刀具，如轧制钻头等
高性能高速钢	高钒高速钢	W12Cr4V4Mo	用于制造形状简单，对耐磨性要求较高的刀具
	超硬高速钢	W6Mo5Cr4V2Al	用于制造复杂刀具和难加工材料用的刀具
		W10Mo4Cr4V3Al	耐磨性好，用于制造加工高强度耐热钢的刀具
		W6Mo5Cr4V5SiNbAl	用于制造形状简单的刀具，如加工铁基高温合金的钻头
		W12Cr4V3Mo3Co5Si	耐磨性、耐热性好，用于制造加工高强度钢的刀具
		W2Mo9Cr4VCo8	用于制造难加工材料的刀具，可作复杂刀具，价格昂贵

(1)普通高速钢

普通高速钢指用来加工一般工程材料的高速钢,常用的牌号如下。

W18Cr4V(简称W18),属钨系高速钢,具有较好的切削性能,是我国最常用的一种高速钢。

W6Mo5Cr4V2(简称M2),属钼系高速钢,碳化物分布均匀性、韧性和高温塑性均超过W18,但其磨削性能较差。

W9Mo3Cr4V(简称W9),这是一种含钨量较多,含钼量较少的钨钼系高速钢,其碳化物不均匀性介于W18和M2之间,但抗弯强度和冲击韧度高于M2,具有较好的硬度和韧性,其热塑性也很好。

(2)高性能高速钢

高性能高速钢是在普通高速钢的基础上,用调整其基本化学成分和添加一些其他合金元素（如钒、钴、铅、硅、铌等）的办法，着重提高其耐热性和耐磨性而衍生出来的。它主要用来加工不锈钢、耐热钢、高温合金和超高强度钢等难加工材料。

2.硬质合金

硬质合金是用高硬度、高熔点的金属碳化物（如WC、TiC、TaC、NbC等）粉末和金属黏结剂（如Co、Ni、Mo等）经高压成形后，再在高温下烧结而成的粉末冶金制品。硬质合金中的金属碳化物熔点高、硬度高、化学稳定性与热稳定性好，因此，硬质合金的硬度、耐磨性、耐热性都很高，允许的切削速度远高于高速钢，加工效率高且能切削诸如淬火钢等硬材料。硬质合金的不足是与高速钢相比，其抗弯强度较低、脆性较大，抗振动和冲击性能也较差。硬质合金因其切削性能优良而被广泛用来制作各种刀具。在我国，绝大多数车刀、端铣刀和深孔钻都采用硬质合金制造。目前，在一些较复杂的刀具上，如立铣刀、孔加工刀具等也开始采用硬质合金制造。

硬质合金的常温硬度很高（89～93HRA，相当于78～82HRC），耐熔性好，热硬性可达800～1000℃以上，允许的切削速度比高速钢的提高4～7倍，刀具寿命比高速钢的高5～8倍，是目前切削加工中用量仅次于高速钢的主要刀具材料。但它的抗弯强度和韧性均较低，性脆，怕冲击和振动，工艺性也不如高速钢。

目前常用的硬质合金主要有钨钴类、钨钛钴类和钨钛钽（铌）钴类3大类。

（1）钨钴类硬质合金（YG）

由WC和Co组成，代号为YG。常温硬度为89～91HRA，耐热性达800～900℃，适用于加工切屑呈崩碎状的脆性材料。常用牌号有YG3X、YG6X、YG6和YG8等，其中数字表示含Co的质量分数，其余为含WC的质量分数。Co在硬质合金中起黏结作用，含Co越多的硬质合金韧性越好，所以YG8适用于粗加工和断续切削，可用于加工45钢锻件粗车、65HRC冷硬铸铁和中速车削淬硬钢；YG6适于半精加工；YG3X适于精加工和连续切削，可用于HT200铸件精车。

（2）钨钛钴类硬质合金（YT）

由WC、TiC和Co组成，代号为YT。此类硬质合金的硬度、耐磨性和耐热性（900～1000℃）均比YG类合金高，但抗弯强度和冲击韧度降低，主要适用于加工切屑呈带状的钢料等韧性材料。常用牌号有YT30、YT15、YT14和YT5等，其中数字表示含TiC的质量分数。所以YT30适用于钢料的精加工和连续切削，可用于低速精车合金钢蜗杆和高速精车调质钢长轴，YT15适于半精加工，YT5适于粗加工和断续切削。

（3）钨钛钽（铌）钴类硬质合金（YW）

由WC、TiC、TaC（NbC）和TCo组成，代号为YW，又称通用合金。其抗弯强度、疲劳强度、冲击韧度、耐热性、高温硬度和抗氧化能力都有很大提高。常用牌号有YW1和YW2,这2种硬质合金都具有YG类硬质合金的韧性,比YT类硬质合金的抗刃口剥落能力强。由于YW类硬质合金的综合性能较好,除可加工铸铁、非铁金属和钢料外,主要用于加工耐热钢、高锰钢、不锈钢等难加工材料,可用于制作高速精密镗削铝合金缸套。

3.涂层刀具材料

涂层刀具是在韧性较好的硬质合金基体上,或在高速钢刀具基体上,涂覆一薄层耐磨性高的难熔金属化合物而获得的。涂层硬质合金一般采用化学气相沉积法,沉积温度在1000℃左右;涂层高速钢刀具一般采用物理气相沉积法,沉积温度在500℃左右。

常用涂层材料有TiC、TiN、Al_2O_3等,TiC的硬度比TiN高,抗磨损性能好。对于要产生剧烈磨损的刀具,TiC涂层较好。TiN与金属亲和力小,润湿性能好,在空气中的抗氧化性能比TiC好,在容易产生黏结的条件下,TiN涂层较好。在高速切削产生大热量的场合,宜采用Al_2O_3涂层为好,因为Al_2O_3在高温下有良好的热稳定性能。

涂层材料有比基体高得多的硬度,有高的抗氧化性能和抗黏结性能,因而有高的耐磨性和抗月牙洼磨损能力。涂层具有低的摩擦系数,可降低切削时的切削力及切削温度,大大提高了刀具耐用度。涂层硬质合金的通用性广,一种涂层刀片可替代几种未涂层刀片使用。

4.陶瓷刀具材料

陶瓷刀具材料的主要成分是硬度和熔点都很高的Al_2O_3、Si_3N_4等氧化物、氮化物,再加入少量的金属碳化物、氧化物或纯金属等添加剂,采用粉末冶金工艺方法经制粉、压制烧结而成。

陶瓷刀具有很高的硬度(91~95HRA)和耐热性,在1200℃的温度下仍能切削,耐磨性和化学惰性好,摩擦系数小,抗黏结和扩散磨损能力强,因而能以更高的速度切削,并可切削难加工的高硬度材料。陶瓷刀具的最大缺点是脆性大,抗弯强度和冲击韧度低,承受冲击负荷的能力差。陶瓷刀具主要用于对钢料、铸铁、高硬材料(如淬火钢等)连续切削的半精加工或精加工。

5.超硬刀具材料

超硬刀具材料包括天然金刚石、聚晶金刚石和聚晶立方氮化硼3种。金刚石刀具主要用于加工高精度及粗糙度很低的非铁金属、耐磨材料和塑料,如铝及铝合金、黄铜、预烧结的硬质合金和陶瓷、石墨、玻璃纤维、橡胶及塑料等。立方氮化硼主要用于加工淬硬钢、喷涂材料、冷硬铸铁和耐热合金等。各种超硬刀具材料的性能评价如表4-9所示。表4-10对比了典型刀具材料的物理性能。

表4-9　各种超硬刀具材料的性能评价

材料性能	超硬刀具材料			
	PCD复合片	CVD金刚石	单晶金刚石	PCBN复合片
耐磨性	良	良+	优	良-
韧性	优	良	良-	良
热、化学稳定性	良-	良	良	优
可加工性	优	良	良-	优
刃口质量	良	良+	优	良

表4-10　典型刀具材料的性能比较

性能	材料性能比较
耐磨性	PCD > PCBN > Al_2O_3基 > Si_3N_4基 > TiC（N）基 > WC基 > HSS
耐热性	PCBN > Al_2O_3基 > Si_3N_4基 > WC基 > PCD > HSS
抗热震性	HSS > WC基 > Si_3N基 > CBN > PCD > TiC（N）基 > Al_2O_3基
热氧化温度	陶瓷 > CBN > 硬质合金 > PCD > HSS
扩散强度大小（对钢铁）	PCD > SiC > Si_3N_4基 > PCBN > Al_2O_3基
扩散强度大小（对钛）	Al_2O_3基 > PCBN > SiC > Si_3N_4基 > PCD
溶解度大小（对未淬硬钢）（在1027℃）	SiC > Si_3N_4基 > PCD > WC基 > PCBN > TiN > TiC > Al_2O_3基 > ZrO_2（PCBN不宜加工铁素体和45HRC以下的钢件）

(1)人造金刚石

人造金刚石是在高温高压和金属触媒作用的条件下,由石墨转化而成。金刚石刀具的性能特点是:有极高的硬度和耐磨性,切削刃非常锋利,有很高的导热性。但耐热性较差,且强度很低。人造金刚石主要用于高速条件下精细车削及镗削有色金属及其合金和非金属材料,但由于金刚石中的碳原子和铁有很强的化学亲和力,故金刚石刀具不适合加工铁族材料。

(2)立方氮化硼(简称CBN)

立方氮化硼(简称CBN)是用六方氮化硼(俗称白石墨)为原料,利用超高温高压技术,继人造金刚石之后人工合成的又一种新型无机超硬材料。其主要性能特点是:硬度高(高达8000~9000HV),耐磨性好,能在较高切削速度下保持加工质量,热稳定性好,化学稳定性好,且有较高的热导率和较小的摩擦系数,但其强度和韧性较差。立方氮化硼主要用于对高温合金、淬硬钢、冷硬铸铁等材料进行半精加工和精加工。

三、典型切削刀具

在机械加工领域,切削刀具种类十分丰富,包含车刀、铣刀、钻头、拉刀、成形刀具等各类结构和功用不同的刀具,它们被广泛应用于各行各业。这里主要介绍3种最典型、应用最广泛的刀具:车刀、铣刀和钻头。

(一)车刀

车刀是指被应用于车床的各类切削刀具,是切削加工中结构最简单、应用最广泛的一种刀具。

1.车刀的类型

车刀的种类非常丰富。可以按车刀的用途不同、结构不同对其进行分类。

(1)按车刀的用途分类

按车刀的用途不同可将其分为外圆车刀、端面车刀、切断刀、切槽刀、螺纹车刀、内孔车刀和成形车刀等。

外圆车刀用于车削外圆表面和台阶。

端面车刀用于车削端面和倒角,也可用来车外圆。

切断刀、切槽刀用于切断工件或车沟槽。

内孔车刀用于车削工件的内圆表面,如圆柱孔、圆锥孔等。

成形车刀有凹、凸之分,用于车削圆角和圆槽或者各种特形面。

内、外螺纹车刀用于车削内圆表面的螺纹和外圆表面的螺纹。

(2)按车刀的结构分类

按车刀的结构不同可将其分为整体式车刀、焊接式车刀、机夹式车刀和可转位式车刀。

整体式车刀,刀头部分和刀杆部分均为同一种材料,用作整体式车刀的刀具材料一般是高速钢。

焊接式车刀,刀头部分和刀杆部分分属2种材料,即刀杆上镶焊硬质合金刀片,而后经刃磨所形成的车刀。

机夹式车刀,刀头部分和刀杆部分分属2种材料。它是将刀片用机械夹固的方法固定在刀杆上。这种车刀的刀片只有1个刀尖和1个刀刃,用钝后必须进行刃磨才能继续使用。

可转位式车刀,和机夹式车刀类似,可转位式车刀的刀头部分和刀杆部分也是分属2种材料,并将刀片用机械夹固的方法固定在刀杆上。刀片形状为多边形,即多条切削刃、多个刀尖,用钝后只需将刀片转位即可使新的刀尖和刀刃进行切削而不需重新刃磨。

目前,机夹式车刀和可转位式车刀应用比较广泛,尤其以数控车床应用更为广泛;用于车削外圆,端面,切断,镗孔,车内、外螺纹等。

2.焊接式车刀

硬质合金焊接车刀是将硬质合金刀片钎焊在刀杆槽内的车刀。焊接车刀的质量和使用寿命与刀片选择、刀槽形式、刀片在刀槽中的位置、刀具几何参数、焊接工艺和刃磨质量有密切关系。

焊接式车刀的刀槽可分为开口型、半封闭型、封闭型和嵌入型。开口型制造简单,常用于外圆车刀、弯头车刀和切槽车刀。半封闭型焊接面积较大,刀片焊接比较牢固,常用于90°外圆车刀、内孔车刀。封闭型和嵌入型刀片焊接牢靠,主要用于刀片底面积较小的车刀,如螺纹车刀、切断车刀等。

刀片在刀槽中的安装位置应使刃磨面积减小和可重磨的次数增多。一般车刀同时刃磨前刀面和后刀面,因此刀片应平放,并做出刀槽前角。其目的是提高刃磨效率和减少磨削砂轮的消耗。

3.机夹式车刀

机夹式车刀是指采用机械夹固方法将预先加工好的但不能转位使用的刀片夹紧在刀杆上的车刀。使用时刀刃磨损后可进行多次重磨后继续使用。如带有压制好断屑槽的刀片不能进行重磨。目前,常用机夹式车刀主要有切断车刀、切槽车刀、螺纹车刀、大型车刀和金刚石车刀等。

机夹式车刀要求刀片夹紧可靠,重磨后能调整切削刃位置,结构简单和断屑可靠。常用的夹紧结构有上压式、自锁式和弹性压紧式。

4.可转位式车刀

可转位式车刀是指用机械夹固的方法,将可转位刀片夹紧后固定在刀柄上的车刀,主要由可转位刀片、刀垫、杠杆、螺钉和刀柄组成。

可转位刀片的优点在于:具有合理的槽形和几何参数,可以提高刀具的寿命;刀刃磨钝后,可转变刀刃位置,快速更换新的刀刃;刀片上所有的切削刃损坏后刀片的更换比较方便;便于在刀片上使用各种涂层刀具材料,选用较高的切削用量;能实现标准化,一刀多用。

可转位式车刀虽然具有诸多优点,但是由于受到刀具结构、制造工艺等限制,可转位结构还不能满足部分刀片的需要,因此可转位式车刀还不能完全取代焊接式和机夹式车刀。

可转位式车刀的类型有外圆车刀、端面车刀、内孔车刀、切断车刀和螺纹车刀等,选用方法与焊接式车刀类似。最常用的可转位式车刀类型与夹紧结构如表4-

11所示。

表4-11 可转位式车刀类型与夹紧结构特点

名称	夹紧件	主要特点和适用场合
杠杆式	杠杆螺钉	定位精度高，调节余量大，夹紧可靠，拆卸方便。卧式车床/数控车床均能使用
楔构式	楔形压板螺钉	是楔压和上压的组合式。夹紧可靠，装卸方便。重复定位精度低。适用于卧式车床断续切削车刀
楔销式	楔块螺钉	刀片尺寸变化较大时也可夹紧。装卸方便。适用于卧式车床进行连续车削车刀
上压式	压板螺钉	夹紧元件小，夹紧可靠，装卸容易，排屑受一定影响。卧式车床、数控车床均能使用
偏心式	偏心螺钉	夹紧元件小，结构紧凑，刀片尺寸误差对夹紧影响较大，夹紧可靠性差。适用于轻中型连续切削车刀
螺销上压式	压板螺钉 偏心螺销	偏心式和上压式的组合式。螺销旋入时上端圆柱将刀片推向定位面。压板从上面压紧刀片。夹紧可靠，重复定位精度高。用于数控车床用的车刀
压孔式	锥形螺钉	结构简单、零件少，定位精度高，容屑空间大，对螺钉质量要求高。适用于数控车床上使用的内孔车刀和仿形车刀

(二)铣刀

铣削是被广泛使用的一种利用多齿旋转刀具进行切削加工的方法，主要用于加工平面、台阶面、沟槽、成形表面和切断等。铣刀的种类繁多，但从结构实质上可看成分布在圆柱体、圆锥体或特形回转体的外缘或端面上的切削刃或镶装上刀齿的多齿刀具，因此铣削属于断续切削。每一个刀齿相当于一把车刀，其切削加工特点与车削加工的基本相同。在铣削加工中，用圆柱形铣刀和端铣刀铣削平面具有代表性，故在讨论铣削原理和铣刀的几何角度时以这2种刀具为主。

1.铣刀的类型

(1)圆柱形铣刀

它用在卧式铣床上加工平面，主要用高速钢制造，也可以镶焊螺旋形的硬质合金刀片。螺旋形切削刃分布在圆柱表面上，没有副切削刃。螺旋形的刀齿切削时是逐渐切入和脱离工件的，所以切削过程较平稳，一般适合加工宽度小于铣刀长度的狭长平面。

(2)面铣刀

面铣刀又称端铣刀,它用在立式铣床上加工平面,铣刀的轴线垂直于被加工表面。面铣刀的主切削刃位于圆柱或圆锥表面上,副切削刃位于圆柱或圆锥的端面上。用面铣刀加工平面时,由于同时参加切削的齿数较多,又有副切削刃的修光作用,因此已加工表面粗糙度小。小直径的面铣刀一般用高速钢制成整体式,大直径的面铣刀是在刀体上焊接硬质合金刀片,或采用机械夹固式可转位硬质合金刀片。

(3)立铣刀

立铣刀相当于带柄的小直径圆柱形铣刀,一般由3~4个刀齿组成。用于加工平面、台阶、槽和相互垂直的平面,利用锥柄或直柄紧固在机床主轴中。其主切削刃位于圆周面上,端面上的切削刃是副切削刃,故切削时一般不宜沿轴线方向进给。用立铣刀铣槽时槽宽有扩张,故应取直径比槽宽略小的铣刀。

(4)键槽铣刀

键槽铣刀主要用来加工圆头封闭键槽。外形类似立铣刀,有2个刀齿,端面切削刃为主切削刃,圆周的切削刃是副切削刃。其他槽类铣刀还有T型槽铣刀和燕尾槽铣刀等。

(5)成形铣刀

成形铣刀是在铣床上用于加工成形表面的刀具,是为特定形状的工件或加工表面专门设计制造的,其刀齿廓形要根据被加工工件的廓形来确定。用成形铣刀可在通用的铣床上加工复杂形状的表面,并获得较高的精度和表面质量,生产率也较高。除此之外,还有仿形用的指状铣刀等。

2.铣削用量

铣削用量应当根据工件的加工精度、铣刀的耐用度及机床的刚性来选择,首先选定背吃刀量,然后选取进给量,最后确定铣削速度。

(1)背吃刀量的选择

背吃刀量是指一次进给所切去金属层的深度。它的选取应视工艺系统的刚度和已加工表面的精度、表面粗糙度而定。

(2)进给量和切削速度

粗加工时,加工余量较大,精度要求不高,此时应当根据工艺系统刚性及刀具耐用度来选择。在刀具性能允许的条件下应以较大的每齿进给量进行切削,以提高生产率。半精加工时,此时工件的加工余量一般在0.5~2mm,并且无硬皮,加工后要降低表面粗糙度,因此应选择较小的每齿进给量和较大的切削速度。精加工时加工余量很小,应当着重考虑刀具的磨损对加工精度的影响,因此宜选择较小的每齿进给量和较大的铣削速度进行铣削。

3.铣削方式

(1)端铣方式

用面铣刀加工平面时,依据铣刀与工件加工面相对位置的(或称吃刀关系)不同可分为3种铣削方式。

对称铣:铣刀轴线位于铣削弧长的对称中心位置,即切入、切出时切削厚度相同时为对称铣。这种铣削方式具有较大的平均切削厚度,在用较小的每齿进给量铣削淬硬钢时,为使刀齿超越冷硬层切入工件,应采用对称铣削。

不对称逆铣:切入时的切削厚度小于切出时的切削厚度为不对称逆铣。铣削碳钢和一般合金钢时,采用这种铣削方式,可减小切入时的冲击,故可使硬质合金端铣刀的使用寿命提高1倍以上。

不对称顺铣:切入时的切削厚度大于切出时的切削厚度为不对称顺铣。实践证明,不对称顺铣用于加工不锈钢和耐热合金时,可减少硬质合金的剥落磨损,提高切削速度40%~60%。

(2)圆周铣削方式

根据铣削时切削层参数变化规律的不同,圆周铣削有逆铣和顺铣2种形式。

逆铣:铣削时,铣刀切入工件时的切削速度方向与工件的进给方向相反,这种铣削方式称为逆铣。逆铣时,刀齿的切削厚度从零逐渐增大。刀齿在开始切入时,由于切削刃钝圆半径的影响,刀齿在工作表面上打滑、产生挤压和摩擦,使这段表面产生严重的冷硬层。至滑行到一定程度时(即切削厚度等于或大于切削刃钝圆半径),刀齿才能切入工件。下一个刀齿切入时,又在冷硬层上挤压、滑行,使刀齿容易磨损,同时使工件表面粗糙度增大。

顺铣:铣削时,铣刀切入工件时的切削速度方向与工件的进给方向相同,这种铣削方式称为顺铣。顺铣时,刀齿的切削厚度切入时最大,而后逐渐减小,避免了逆铣切入时的挤压、滑擦和啃刮现象;而且刀齿的切削距离较短,铣刀磨损较小,寿命可比逆铣时高2~3倍,已加工表面质量也较好;特别是铣削硬化趋势强的难加工材料时效果更明显。另外,顺铣时,铣面作用于切削层的垂直分力始终向下,因而整个铣刀作用于工件的垂直分力较大,将工件始终压紧在夹具上,避免了工件的振动,安全可靠。

4.铣刀的磨损

铣刀磨损的基本规律与车刀相似。高速钢铣刀在逆铣时由于刀齿对工件表面挤压、滑行比较严重,因此磨损主要发生在后刀面上。用硬质合金铣刀铣削钢件时，因切削速度高，切屑沿前面滑动的速度大，因此后刀面磨损的同时，前刀面也有较小的磨损。此外，由于硬质合金面铣刀进行高速断续切削，使刀具经受着反复的机械冲击和热冲击，产生裂纹而引起刀齿的疲劳破损。铣削速度越高，疲劳磨损出现的时间就越早。如果铣刀的几何角度选择不合理或使用不当，加之刀齿强度差，则刀齿在承受很大的冲击力后，会产生没有裂纹的破损。

防止铣刀破损的措施主要有以下3种：①合理选择刀片牌号：应采用韧性好、抗热裂纹敏感性小、耐热性和耐磨性好的刀片材料。②合理选用铣削参数：根据工件材料的不同物理力学特性和刀片材料的性能差异，在一定的加工条件下，选用合理的、能保证铣刀正常工作的切削参数。③合理选择工件与铣刀之间的相对位置：铣刀的安装位置直接影响切入角和切出角，因此，合理选择铣刀的安装位置对减少铣刀的破损起着重要作用。

（三）钻头

孔加工刀具是机加工中应用非常广泛的一类刀具。由于孔的形状、规格、精度要求和加工方法不同，孔加工刀具种类很多。

1.钻头的类型

按结构特征和用途的不同可将其分为扁钻、麻花钻、中心钻、深孔钻、铰刀、扩孔钻、锪钻等。

(1)扁钻

扁钻是一种古老的孔加工刀具，它的切削部分为铲形，结构简单，制造成本低，切削液容易导入孔中，但切削和排屑性能较差。

(2)麻花钻

麻花钻是孔加工刀具中应用最为广泛的刀具，，按其制造材料不同可分为高速钢麻花钻和硬质合金麻花钻。在钻孔中以高速钢麻花钻为主。

(3)中心钻

中心钻主要用于加工轴类零件的中心孔，根据其结构特点分为无护锥中心钻和带护锥中心钻2种。钻孔前，先打中心孔，有利于钻头的导向，防止孔的偏斜。

(4)深孔钻

深孔钻一般用来加工深度与直径较大的孔，由于切削液不易到达切削区域，刀具的冷却散热条件差，切削温度高，刀具耐用度降低；再加上刀具细长，刚度较差，钻孔时容易发生引偏和振动。因此为保证深孔加工质量和深孔钻的耐用度，深孔钻在结构上必须解决断屑排屑、冷却润滑和导向3个问题。

(5)铰刀

铰刀是孔的精加工刀具,也可用于高精度孔的半精加工。由于铰刀齿数多,槽底直径大,其导向性及刚度好,而且铰刀的加工余量小,制造精度高,结构完善,所以铰孔的加工精度一般可达IT6~IT8,表面粗糙度Ra可达1.6~0.2μm。其加工对象一般为中小孔。铰孔操作方便,生产率高,而且也容易获得高质量的孔,所以在生产中应用极为广泛。

(6)扩孔钻

扩孔钻通常用于铰或磨前的预加工或毛坯孔的扩大,其外形与麻花钻类似。扩孔钻通常有3~4个刃带,没有横刃,前角和后角沿切削刃的变化小,故加工时导向效果好,轴向抗力小。另外,扩孔钻主切削刃较短,容屑槽浅;刀齿数目多,钻心粗壮,刚度强,切削过程平稳,再加上扩孔余量小。因此,扩孔时可采用较大的切削用量,而其加工质量却比麻花钻好。一般加工精度可达IT10~IT11,表面粗糙度Ra可达6.3~3.2μm。常见的结构形式有高速钢整体式、镶齿套式和硬质合金可转位式。

(7)锪钻

锪钻用于在孔的端面上加工圆柱形沉头孔、加工锥形沉头孔或凸台表面。锪钻上的定位导向柱是用来保证被锪的孔或端面与原来的孔有一定的同轴度和垂直度的。导向柱可以拆卸,以便制造锪钻的端面齿。锪钻可制成高速钢整体结构或硬质合金镶齿结构。

2.麻花钻

在生产中使用最多的是麻花钻。对于直径为0.1~80mm的孔,都可使用麻花钻加工。标准麻花钻,由柄部、颈部和工作部分组成。

(1)柄部

柄部是钻头的夹持部分,用于与机床连接,并在钻孔时传递转矩和轴向力。麻花钻的柄部有锥柄和直柄2种。直柄主要用于直径小于12mm的小麻花钻。锥柄用于直径较大的麻花钻,能直接插入主轴锥孔或通过锥套插入主轴锥孔中。锥柄钻头的扁尾用于传递转矩,并通过它方便地拆卸钻头。

(2)颈部

麻花钻的颈部凹槽是磨削钻头柄部时的砂轮越程槽,槽底通常刻有钻头的规格及厂标。直柄钻头多无颈部。

(3)工作部分

麻花钻的工作部分有2条螺旋槽,因外形很像麻花而得名。它是钻头的主要部分，由切削部分和导向部分组成。

切削部分担负着切削工作，由2个前面、主后面、副后面、主切削刃、副切削刃及1个横刃组成。横刃为2个主后面相交形成的刃，副后面是钻头的2条刃带，工作时与工件孔壁（即已加工表面）相对。

导向部分是当切削部分切入工件后所起的导向作用，也是切削部分的备磨部分。为减少导向部分与孔壁的摩擦，其外径（即2条刃带上）磨有（0.03～0.12）/100的倒锥。

钻心圆是一个假想的圆，它与钻头的2个主切削刃相切。钻心圆直径约为钻头直径的0.15，为了提高钻头的刚度，钻头由前端向后逐渐加大（即正锥），递增量为1.4～2.0mm/100mm。

3.麻花钻的结构缺陷

麻花钻的前面和后面都是曲面，沿主切削刃各点的前角、后角各不相同，相差较大，切削能力悬殊；刃倾角和切削速度方向也不同，因而各点的切屑流出方向不同，互相牵制不利于切屑的卷曲，并有侧向挤压使切屑产生附加变形。

麻花钻的主切削刃全刃参加切削，切削宽度宽，刃上各点的切削速度又不相等，容易形成螺旋形切削，排屑困难。因此切屑与孔壁挤压摩擦，常常划伤孔壁，加工后的表面粗糙度值大。

麻花钻的直径受孔径的限制，螺旋槽使钻心更细，钻头的刚度低；仅有2条棱带导向，孔的轴线容易偏斜；再加上横刃前角小（负值）、长度大，钻削时轴向抗力大，定心困难，钻头容易摆动。因此，孔的几何公差较大。

刀尖和主、副切削刃交会处切削速度最高、刀尖角较小。由于刃带的存在使副切削刃后角为零，因此刀尖处的摩擦最大，发热量大，散热条件差，磨损最快。

标准麻花钻结构上的这些特点严重影响了它的切削性能，因此在使用中常常加以修磨。

4.麻花钻的刃磨

（1）修磨过渡刃

标准麻花钻的外缘是主副切削刃的交点，此处磨损最快。可将该处修磨成双重顶角，当直径大于50mm时，还可磨出三重顶角，也可磨出圆弧刃（相当于多重顶角）。其好处是刀尖角加大，主切削刃工作长度增加，切削厚度减小，刀具特别是刀尖的强度和散热条件得以改善。但另一方面由于切削厚度变薄，切削变形和单位面积切削力加大，所以对于塑性大的金属不宜采用此类修磨办法。

(2)修磨横刃

横刃切削条件差,将原来的横刃长度修磨短,同时修磨出前角,有利于钻头的定心和减小轴向力。

(3)修磨前刀面

这种修磨是改变前角的大小和前刀面形式,以适应不同材料的加工。加工硬脆材料时,为保证切削刃的强度,可将靠近外缘处的前刀面磨平一些以减小前角。加工强度很低的材料时,为了减小切削变形,可在前刀面上磨出卷屑槽,以增大前角,使钻头切削轻快,改善已加工表面质量。

(4)修磨分屑槽

在钻削塑性材料或尺寸较大的孔时,为了便于排屑,可在2个主切削刃的后刀面上交错磨出分屑槽,也可在前刀面上轧制出分屑槽,使切屑分割成窄条,便于排屑。开分屑槽时应注意3点:①槽深要大于进给量;②2个主切削刃后面上的分屑槽径向位置应错开。③分屑槽侧面应呈圆喇叭形,以保证侧刃(开分屑槽形成的)有一定的后角,否则挤压严重,效果反而更差。孔径越大越深开分屑槽的效果越好。

第三节 机床夹具

夹具属于机床的附加装置,是指在机械加工过程中用来固定加工对象,能够准确快捷地确定加工对象和刀具以及机床之间的相对加工位置,并能把加工对象可靠夹紧的工艺装备。广义上说,在工艺过程的任何工序中,用来迅速、方便、安全地安装工件的装置,都可称为夹具。例如焊接夹具、检验夹具、装配夹具、机床夹具等,其中机床夹具最为常见,常简称为夹具。只有正确地将工件装夹在机床夹具上,才能便利有效地加工出符合图纸设计要求的合格零件。因此,在现代制造中,机床夹具是一种不可缺少的工艺装备,它直接影响着零件的加工精度、劳动生产率和零件的加工成本等。

一、机床夹具的作用

(一)能稳定地保证工件的加工精度

工件加工精度包括尺寸精度、几何形状精度和位置精度。用夹具装夹工件时,工件相对于刀具及机床的位置精度由夹具保证,不受工人技术水平的影响,可使一批工件的加工精度趋于一致。

(二)能减少辅助工时,提高劳动生产率,降低生产成本

使用夹具装夹工件方便、快速,工件不需要划线找正,可显著地减少辅助工时;工件在夹具中装夹后提高了工件的刚性,可加大切削用量;可使用多件、多工位装夹工件的夹具,并可采用高效夹紧机构,进一步提高劳动生产率。

(三)能扩大机床的使用范围,实现一机多能

根据加工机床的成形运动,附加不同类型的夹具,即可扩大机床原有的工艺范围。例如在车床的溜板上或摇臂钻床工作台上装上镗模,就可以进行箱体零件的镗孔加工。又如利用分度头可以在万能铣床上加工齿轮和花键,代替齿轮加工机床进行加工。

(四)减轻工人劳动强度

使用人力通过各种传动机构对工件进行夹紧,称为手动夹紧。而现代高效率的夹具,大多采用机动夹紧方式。在机动夹紧中,一般都设有产生夹紧力的动力系统,常用的动力系统有:气动、液压、气液联合、电动、磁力、真空动力等系统。机动夹紧可以大幅度缩减装夹工件的辅助时间,提高生产率和减轻工人的劳动强度。

二、机床夹具的分类

随着机械制造业的蓬勃发展,产品的种类各式各样,与之对应的加工方法与手段也随之增多。因此所需要的机床夹具种类也比较多,但生产中一般可按照使用特点、加工所使用的机床类型以及夹紧所用的动力源进行分类。

(一)按夹具的使用特点分类

1.通用夹具

通用夹具是指已经标准化的,在一定范围内可用于加工不同工件的夹具。例如,车床上的三爪自定心卡盘和四爪单动卡盘,铣床上的平口钳、分度头和回转工作台等。它们由于具有一定的通用性,故而得名。这类夹具一般由专业工厂生产,常作为机床附件提供给用户。其特点是适应性广、生产效率低,因此主要适用于单件、小批量生产中。

2.专用夹具

专用夹具是指为某一工件的某道工序而专门设计的夹具。其特点是结构紧凑,操作迅速、方便、省力,可以保证较高的加工精度和生产效率,但设计制造周期较长、制造费用也较高。当产品变更时,专用夹具将由于无法再使用而报废,因此只适用于产品固定且批量较大的生产中。

3.通用可调夹具和成组夹具

这类夹具的特点是夹具的部分元件可以更换,部分装置可以调整,以适应不同零件的加工。用于相似零件的成组加工的夹具,称为成组夹具。通用可调夹具与成组夹具相比,加工对象不很明确,适用范围更广一些。

4.组合夹具

组合夹具是指按零件的加工要求,用专门的标准化、系列化的拼装零部件组装而成的夹具,适用于特定的工件和工序。其特点是灵活多变,万能性强,制造周期短,元件能反复使用,特别适合于新产品的试制和单件小批生产。

5.随行夹具

随行夹具是一种在自动线上使用的夹具。该夹具既要起到装夹工件的作用,又要与工件成为一体沿着自动线从一个工位移到下一个工位,进行不同工序的加工。

(二)按使用的机床分类

各类机床由于自身工作特点和结构形式各不相同,对所用夹具的结构也相应地提出了不同的要求。按所使用的机床不同,夹具又可分为:车床夹具、铣床夹具、钻床夹具、镗床夹具、磨床夹具、齿轮机床夹具和其他机床夹具等。

(三)按夹紧动力源分类

夹具根据所采用的夹紧动力源不同,可分为:手动夹具、气动夹具、液压夹具、气液夹具、电动夹具、磁力夹具、真空夹具等。

三、机床夹具的组成

机床夹具的种类和结构很多,但一般来说,夹具都是由定位元件、夹紧装置、夹具体、对刀与导向装置、连接元件和其他元件及装置组成。以加工图4-4所示的后盖零件上φ11mm孔的钻床夹具为例,简述夹具的基本组成。

(一)定位元件及定位装置

定位元件与定位装置与工件的定位基准相接触,用于确定工件在夹具中的正确位置,从而保证加工时工件相对于刀具和机床加工运动间的相对正确位置,如图4-5中的定位元件4、5、9。

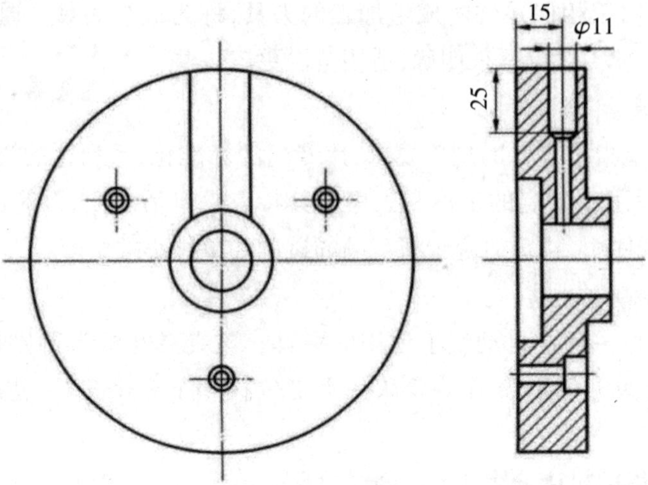

图4-4　后盖零件钻径向孔的工序图

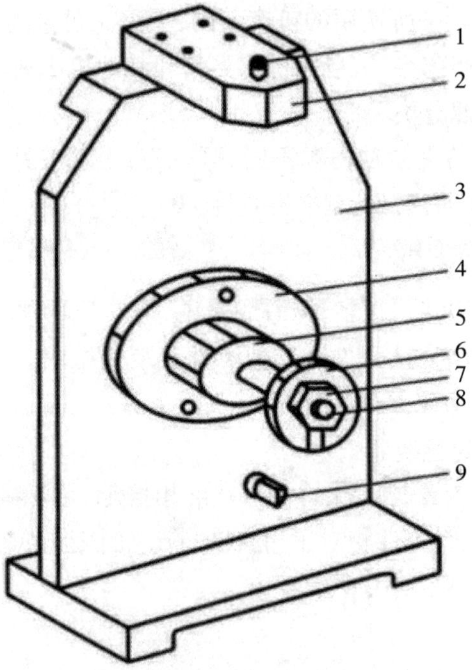

1—钻套；2—钻模板；3—夹具体；4—支承板；

5—圆柱销；6—开口垫圈；7—螺母；8—螺杆；9—定位销

图4-5　后盖钻夹具

(二)夹紧装置

夹紧装置的作用是将工件压紧夹牢,保证工件在加工过程中受到外力作用时不会离开已经确定的正确位置，如图4-5中的元件6、7。

（三）导引元件与对刀元件

这些元件的作用是保证工件与刀具之间的位置正确。用于确定刀具在加工前正确位置的元件，称为对刀元件，如对刀块。用于确定刀具位置并导引刀具进行加工的元件，称为导引元件，如图4-5中的元件1。

（四）夹具体

夹具体是机床夹具的关键部件，也是主要用来连接或固定夹具上各元件及装置，使其成为一个整体的基础件。夹具体可使夹具相对机床具有确定的位置，主要有槽系与孔系2类，如图4-5中的元件3。

（五）连接元件

此元件是使夹具与机床相连接的元件，保证机床与夹具之间的相对位置关系。

（六）其他元件及装置

某些夹具根据工件的加工要求，要有分度机构，铣床夹具要求有定位键，大型夹具还要求有吊装元件等。

以上这些组成部分，并不要求每种机床夹具都一一具备，但是任何夹具都必须有定位元件和夹紧装置，它们是保证工件加工精度的关键，目的是使工件定位准确、夹牢。

第五章　当代先进机械制造技术

第一节　现代制造技术新理念

一、精益生产

（一）精益生产的基本理念

1.精益生产的产生

20世纪初，美国福特（Ford）汽车公司创立第一条汽车生产流水线，它以标准化、大批量生产来降低生产成本，提高生产率。这种生产适应了美国当时的国情。第二次世界大战后日本经济萧条，缺少资金和外汇。怎样建立日本的汽车工业？丰田汽车公司考察了福特汽车公司的轿车生产情况后，根据日本国情提出了解决问题的方法，即建立起一套新的生产组织管理体系，这就是后来被美国人称为“精益生产”的新的生产方式。精益生产（lean production，LP）是美国麻省理工学院（MIT）几位专家对日本“丰田生产方式”的美称。精，即少而精，不投入多余的生产要素，只是在适当的时间生产必要数量的市场急需产品（或下道工序所需产品）；益，即所有经营活动都要有效有益，具有经济性。

2.精益生产的定义

通过对丰田汽车公司创建的新生产方式的考察分析，精益生产可定义为：精益生产是通过系统结构、人员组织、运行方式和市场供求关系等方面的变革，使生产系统能快速适应用户需求的不断变化，并能使生产过程中一切无用的、多余的或不增加附加值的环节被精简，以达到产品生命周期内的各方面最佳效果。

精益生产的基本目的是要在一个企业里同时获得极高的生产率、极佳的产品质量和很大的生产柔性。

3.精益生产的特点

精益生产与技术性生产和大批量生产不同的是，精益生产克服了二者的缺点，即避免了技术性生产的高费用和大批量生产的高刚性，与之相适应的是生产技术的柔性化，这主要得益于20世纪70年代以来的数控、FMS和集成制造技术。因此，精益生产采用的是由多功能工作小组和柔性很高的自动化设备所组成的制造系统。

精益生产的一切基础是“精简”，与大批量生产相比，只需要一半的劳动强度，一半的制造空间，一半的工具投资，一半的开发时间，从而使库存和废品大大减少，品种大量增加。二者最大的区别在于追求的目标不同，大批大量生产强调“足够”的质量，故总是存在缺陷，而精益生产则追求尽善尽美。

在生产组织中，精益生产与泰勒方式不同，不是强调过细的分工，而是强调企业各部门相互密切合作的综合集成。综合集成不仅仅限于生产过程本身，尤其重视产品开发、生产准备和生产之间的合作和集成。精益生产不仅仅要求在技术上实现制造过程和信息流的自动化，更重要的是从系统工程的角度对企业的活动及其社会影响进行全面的、整体的优化。换句话说，精益生产不仅仅着眼于技术，还充分考虑组织和人的因素。

精益生产的3大支柱是：①准时生产(JIT)，这是缩短生产周期、加快资金周转、降低生产成本、实现零库存的主要方法；②成组技术(GT)，这是实现多品种、小批量、低成本、高柔性、按用户订单组织生产的技术手段；③全面质量管理(TQC)，这是保证产品质量、树立企业形象和达到无缺陷目标的主要措施。

精益生产是采用灵活的生产组织形式，根据市场需求的变化，及时、快速地调整生产，依靠严密细致的管理，力图通过“彻底排除浪费”，防止过量生产来实现企业的利润目标的。为此精益生产必须能很好地实现以下3个子目标：零库存、高柔性(指企业的生产组织形式灵活多变，能适应市场需求多样化的要求，及时组织多品种生产)、无缺陷。

精益生产的特征可以总结为：以用户为上帝，以人为中心，以精简为手段，以零缺陷为目标。

第一，以用户为上帝。企业要面向用户，保持与用户的密切联系，真正体现用户是上帝。不仅要向用户提供服务，而且要了解用户的要求，以最快的速度和适宜的价格，以高质量的适销新品去抢占市场。

第二，以人为中心。现代企业不但要不断取得技术进步，更要以人为中心，大力推行更适应市场竞争的小组工作方式，让每一个人在工作中都有一定程度的制定计划、判断决策、分析复杂问题的权利，都有不断学习新生产技术的机会，培养职工相互合作的品质，同时对职工素质的提高不断进行投资，提高职工的技能，充分发挥他们的积极性与创造性。此外，企业一方面要为职工创造工作条件和晋升途径，另一方面又要给予职工一定的工作压力和自主权，以满足人们学习新知识和实现自我价值的愿望，从而形成独特的、有竞争意识的企业文化。

第三，以精简为手段。精益生产将去除生产过程中的一切多余的环节，实行精简化。在组织结构上，纵向减少层次，横向打破部门壁垒，将多层次、细分工的管理模式转化为分布式平行网络的管理结构。在生产过程中，采用先进的设备，减少非直接生产工人，每个工人的工作都真正使产品增值。精简还包括在减少产品的复杂性的同时，提供多样化的产品。采用成组技术是实现精简化和提高柔性化双重目标的关键。

第四，以零缺陷为目标。精益生产所追求的目标不是"尽可能好一些"，而是"零缺陷"，即最低的成本、最好的质量、无废品、零库存与产品的多样化。

(二)精益生产的管理

1.精益生产的管理与控制技术

精益生产为了实现企业目标，主要从生产计划、生产组织和生产控制3方面着手。

(1)生产计划

精益生产计划与传统生产计划相比，其最大的特点是：只向最后一道工序下达作为生产指令的投产顺序计划，而对最后一道工序以外的各个工序只出示每月大致的生产品种和数量计划，作为其安排作业的一种参考基准。在传统的生产计划方式中，生产指令同时下达给各个工序，即使前后工序出现变化或异常，也与本工序无关，仍按原指令不断地生产。其结果造成工序间生产量的不平衡，工序间自然会存在制品库存。而在精益生产方式中，由于生产指令只下达到最后一道工序，其余各道工序的生产指令是由"看板"在需要的时候向前工序传递，这就使得各工序只生产后工序所需要的产品，避免了生产不必要的产品；因为只在后工序需要时才生产，所以避免和减少了不急需的库存量；因为生产指令只下达给最后一道工序，最后的生产成品数量与生产指令的数量是一致的；生产顺序指令以天为单位，而且"只在需要的时候发出"，因而能够反映最新的订货和市场需求，大幅缩短了从订货或市场预测到产品投放市场的时间，从而提高了产品的市场竞争能力。

(2)生产组织

精益生产的核心思想就是力图通过"彻底排除浪费"来实现企业的盈利目标，也就是要去除任何"致使成本增加的生产诸因素"，其中最主要的有生产过剩(即库存)所引起的浪费，人员利用上的浪费以及不良品引起的浪费。为了减少这些浪费，在生产组织过程中就相应地产生了同步化生产、弹性配置作业人数以及保证质量这样的实施措施。

(3)生产控制

精益生产要求生产系统的各环节全面实现生产同步化、均衡化和准时化，因此这种生产控制中主要采用“看板”的方法来控制。“看板”作为控制的工具和手段，发挥着重要的作用。精益生产的管理思想十分丰富，管理方法也很多，如果孤立地看每一个思想、每一种方法，就不能把握精益生产的本质。精益生产的每一个管理思想、每种管理方法都不是孤立的，相互之间是有联系、有层次的，一种方法支持另一种方法，方法又保证思想的实现。只有把管理思想与方法有机地组合起来，构成一个完整的生产管理系统，才能发挥每种方法的功能，才能达到系统的最终目标——质量是好的、成本是低的、品种是多的、时间是快的。

2. 企业应用精益生产的条件

(1)内部条件

精益生产方式只有在生产秩序良好、各道工序设置合理、产品质量稳定的企业才有可能推行和实施。除此之外，企业还应具备下列条件。

第一，企业领导对精益生产有深刻的认识和实施的决心。推行精益生产是管理思想的重大变革，是一项全局性的工作，需要领导层统一认识，在工作中密切配合才可能顺利实施。领导的认识和决心是推行精益生产成功的关键。

第二，加强职工培训，更新职工观念，强化职工的参与意识。推行精益生产必须更新观念，加强对职工的教育培训，要使职工认识到精益生产的目标是提高企业素质、提高经济效益，与职工切身利益完全一致，从而增强职工对新管理方式的接受能力和参与意识。

第三，要制定相应的经济政策和有效的激励手段，促进操作者提高技术水平和生产积极性。

(2)外部条件

企业推广应用精益生产方式，当前尤其应尽快完善以下2个外部条件。

第一，要有一个比较顺畅的物资供应和产品销售流通体系。精益生产要求达到原材料无库存，产品无积压，这就相应要求企业外部的物资供应和产品销售渠道十分通畅，否则企业就可能因预防供应中断而增加原材料库存，或因销售渠道不畅而积压产品。这种外来影响往往会破坏均衡生产，造成精益生产方式无法实现。

第二，要有一个劳动力调节市场，有一个实现劳动力自然流动的外部环境。这样，企业才可能成为一个开放系统，确保企业中劳动力的最优组合。企业可以不断与外界交换劳动力，吸收适合于本企业需要的人员，排除不适用的人员，保证劳动力队伍素质的稳步提高。

二、增材制造

(一)快速成型技术

快速成型(rapid prototype,RP)又叫快速原模成型、增材制造、叠层制造或分层制造,其基本思想都是基于将复杂的三维实体或壳体做有限的二维离散细化分层。制造中,先将底层的二维图形(数控)制造完毕后,再向三维进给一定厚度,继续制造后一层,而前、后两层又是结合在一起的,从而达到三维制造。这是牛顿微分思想在制造中的具体应用和体现,目前主要用于原模制造、零件仿制。这是20世纪80年代以后出现的新技术,中国是在20世纪90年代初期开始研究,目前已形成部分设备产品。快速成型技术主要依托数控技术的发展,几乎所有的快速成型设备都配有数控系统。目前比较成熟的主要工艺方法有:光敏树脂液相固化、选择性粉末激光烧结、薄片分层叠加成型和熔丝堆积成型,其他方法还在进一步研究中。

1. 光敏树脂液相固化

光敏树脂液相固化(stereo lithography,SL)又称为光固化立体造型、立体光刻。其工艺原理基于液态光敏树脂光聚合原理,即液态光敏树脂材料在紫外线照射下迅速发生光聚合反应,分子量剧增,材料从液体转化成固态,达到固化成型的目的,如图5-1所示。

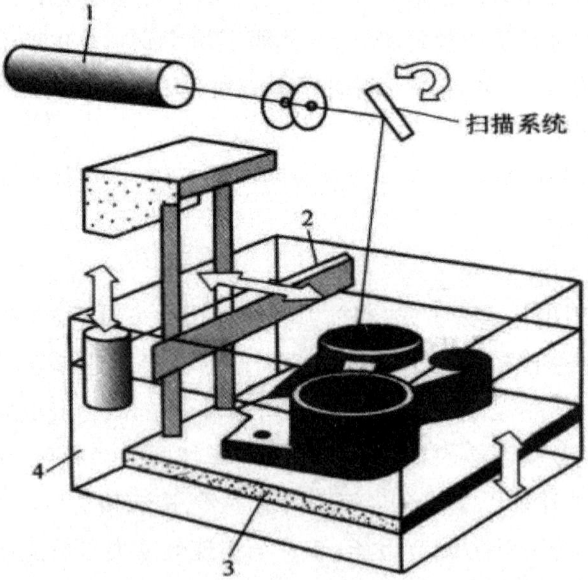

1—扫描镜;2—Z轴升降台;3—树脂槽;4—观摩树脂

图5-1 光敏树脂液相固化成型原理

光敏树脂液相固化的特点是精度高、表面质量好、材料利用率高,接近100%,

适于复杂、精密原模制造，成型材料为光固化树脂。

光敏树脂液相固化应用较广，可以直接制造各种树脂功能件，用于结构验证、功能测试；可以制作复杂、精细零件或透明零件；各种复杂模具的模具(母模)的单件生产，实现内外表面转化加工。

2.选择性粉末激光烧结

选择性粉末激光烧结(selected laser sintering, SLS)又称为选区加工烧结，于1989年研制成功。

如图5-2所示，利用金属、非金属的粉末材料在激光照射下，烧结热熔成型，在计算机控制下层层堆积成三维实体。其特点是材料适应面广，无须支承，可制造空心零件、多层镂空零件和实心零件或模型。粉体制备常用离心雾化和气体雾化等方法。

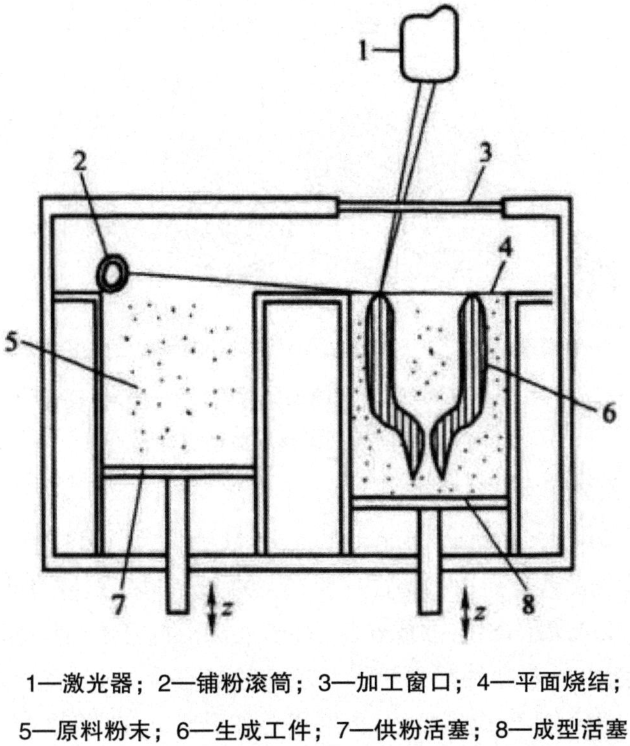

1—激光器；2—铺粉滚筒；3—加工窗口；4—平面烧结；
5—原料粉末；6—生成工件；7—供粉活塞；8—成型活塞

图5-2 选区激光烧结成型原理与过程

3.薄片分层叠加成型

薄片分层叠加成型(laminated object manufacturing, LOM)又称为叠层实体制造、分层实体制造、纸片叠层法，1986年开发成功。其工艺原理如图5-3所示，利用激光切割与黏合工艺相结合，用激光将涂有热熔胶的纸质、塑料薄膜等片材按照CAD分层模型轨迹切割成型，然后通过热压辊热压，使其与下层的已成型工件黏结，从而堆积成型。

薄片分层叠加成型的工艺特点是易于制造大型零件，无须专用支撑，成型材料为纸、塑膜等。

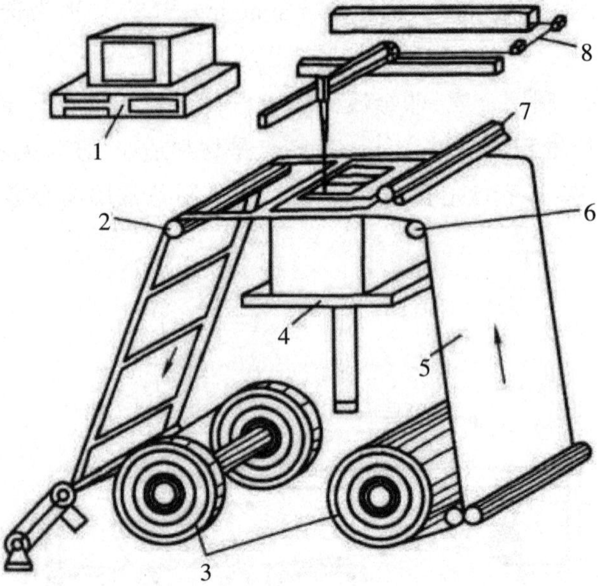

1—计算机；2、6—导向轮；3—原材料存储及送料机构；
4—工作台；5—原材料；7—热粘压机构；8—激光切割系统

图5-3 薄片分层叠加成型原理

4.熔丝堆积成型

熔丝堆积成型(fused deposition modeling，FDM)产生于1988年。

熔丝堆积成型工艺是利用热塑性材料的热熔性、黏结性，在计算机控制下层层堆积成型。如图5-4所示，材料抽成丝状后，送丝机构将它送达加热喷头，并被加热熔化，喷头在平面内沿着零件截面轮廓和填充轨迹移动，同时将熔融材料挤出，并与周边材料黏结固化，达到成型目的，再层层叠加形成立体模型。

熔丝堆积成型的特点是操作简单、成本低、不需用激光加热设备；但需要辅助支撑材料。其常用的成型材料是ABS工程塑料。

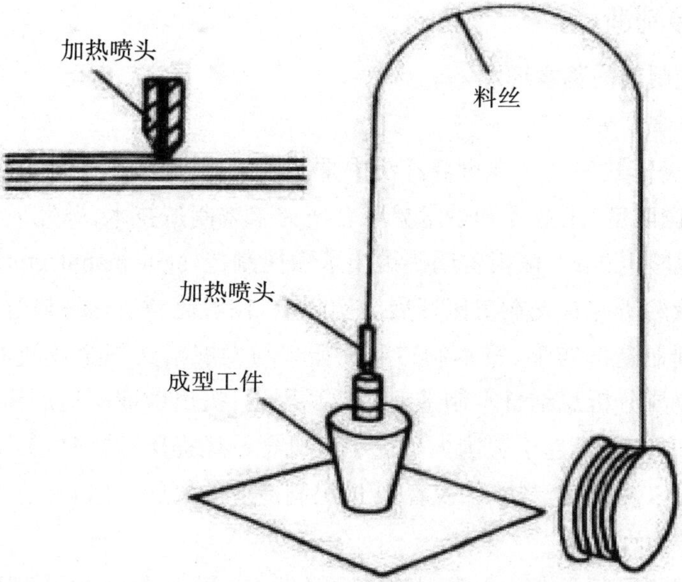

图5-4 熔丝堆积成型原理

(二)3D打印技术

3D打印技术起源于美国。3D打印的核心是数字化、智能化制造与材料科学的结合。与传统上对原材料进行切削的减材制造方法正好相反,3D打印的过程好比用砖头砌墙,是逐层增加材料,最终形成物件。

现在,3D打印技术的应用有2个方向,一种是个人桌面级3D打印机,主要满足用户个性化的需求;另一种则是针对工业上的应用。目前,3D打印已经发展出多种较为成熟的技术类型。依据材料输送方式的不同,3D打印技术总体上可以分为以下2大类:①选择性沉积技术,包括熔融沉积成型(FDM)、激光净成型(LENS)、分层实体制造(LOM)、电子束熔丝沉积(EBF)等;②选择性黏合技术,包括光固化成型(SLA)、选择性激光烧结(SLS)、选择性激光熔化(SLM)、三维打印(3DP)、电子束熔炼成型(EBM)等。近年来,国内外又发展出了一些新的3D打印技术,如微纳材料成型、细胞三维结构成型、复合沉积成型、多种材料喷射成型等。

随着工艺、材料和装备的日益成熟,3D打印技术的应用范围由最初的原型制造、模具制造扩展到直接制造领域。

在工业化进程和行业转型升级过程中,3D打印将扮演着工业化新经济增长点的角色,因为第三次工业革命是3D打印技术、数字化应用技术、新材料应用技术、信息化技术聚集到一起的结果,能解脱大量的人力束缚,为工业化生产带来新的生产方式和增长点。

三、敏捷制造

(一)敏捷制造的基本理念

1.敏捷制造的起源

1991年,美国政府为了在世界经济中重振雄风,并在未来全球市场竞争中取得优势地位,由国防部、工业界和学术界联合研究未来制造技术,并完成了《21世纪制造企业发展战略报告》。该报告明确提出了敏捷制造(agile manufacturing,AM)的概念。敏捷制造的研究首先在美国开展。实际上,在敏捷制造这一概念提出之前,日本已有了敏捷制造的雏形,日本制造业的振兴与发展给美国企业施加了很大的压力。美国企业界分析总结日本制造业的成功因素,提出敏捷制造的概念。可见,敏捷制造起源于日本,诞生于美国。敏捷制造概念一经提出,就在世界范围内引起了强烈反响。可以说,敏捷制造代表着21世纪制造业的发展方向。

2.敏捷制造的内涵

美国机械工程师学会主办的《机械工程》杂志对敏捷制造做了如下定义:"敏捷制造就是指制造系统在满足低成本和高质量的同时,对变幻莫测的市场需求的快速反应。"因此,敏捷制造的企业,其敏捷能力应当反映在以下6个方面。

第一,对市场的快速反应能力:判断和预见市场变化并对其快速地做出反应的能力。

第二,竞争力:企业获得一定生产力、效率和有效参与竞争所需的技能。

第三,柔性:以同样的设备与人员生产不同产品或实现不同目标的能力。

第四,快速:以最短的时间执行任务(如产品开发、制造、供货等)的能力。

第五,企业策略上的敏捷性:企业针对竞争规则及手段的变化、新的竞争对手的出现、国家政策法规的变化、社会形态的变化等做出快速反应的能力。

第六,企业日常运行的敏捷性:企业对影响其日常运行的各种变化,如用户对产品规格、配置及售后服务要求的变化,用户订货量和供货时间的变化,原料供货出现问题及设备出现故障等做出快速反应的能力。

AM的基本思想是通过把动态灵活的虚拟组织结构(virtual organization)或动态联盟、先进的柔性生产技术和高素质的人员进行全方位的集成,从而使企业能够从容应对快速变化和不可预测的市场需求,获得企业的长期经济效益。它是一种提高企业竞争能力的全新制造组织模式。

3.敏捷制造企业的主要特征

敏捷制造企业的特征及要素构成了敏捷企业的基础结构,通过一系列功能子系统的支持使敏捷制造的战略目标得以实现。这些功能子系统一般称为"使能系统(enablin system)”。

敏捷制造企业的特征主要包括:①并行工作;②继续教育;③根据用户反映建立的组织结构;④动态多方合作;⑤尊重雇员;⑥向团队成员放权;⑦改善环境;⑧柔性重构;⑨可获得与可使用的信息:⑩具有丰富知识和适应能力的雇员;⑪开放的体系结构;⑫一次成功的产品设计;⑬产品终生质量保证;⑭缩短循环周期;⑮技术领先作用;⑯灵敏的技术装备;⑰整个企业集成;⑱具有远见卓识的领导。

(二)可重构制造系统

1.可重构制造系统的基本概念

在敏捷制造模式中,为了快速响应市场的变化,人们提出可重构制造系统的概念。通常将具备动态重构能力,能够敏捷地自我调整系统结构以便快速响应环境变化的制造系统称为可重构制造系统。

制造系统的可重构有2个方面的含义:①当内外部环境稳定变化或业务变化可长期预测时,系统结构随之稳定演变发展;②当环境剧烈变化或者业务变化不可预测时,系统结构可以快速彻底地重组,重组后的系统必须在尽可能短的时间内恢复到正常生产状态。

可重构制造系统包括动态重构和系统运行2大过程。当市场需求发生变化时,应该在重构控制系统的控制下对制造系统进行重构,使之能够满足变化了的市场需求。在重构结束后,得到系统运行的主要参数,重构后的系统根据运行参数正常运行,在运行过程中发现问题后,将问题反馈给重构控制系统再对系统进行动态重构。系统运行的输出是市场需要的产品,系统同时接收用户反馈的意见并将意见反馈给重构控制系统,使系统的结构发生改变。

可重构制造系统兼有智能色彩和自动化色彩,主要表现在以下5个方面:①系统应该具有一定的智能,能够根据需求的变化自动调整自身的结构。②为了在极短的时间内恢复到正常运行状态,系统应该具备自动检测和智能控制功能。③系统应该是按照模块化原理进行设计的,以便于系统的快速重构。④系统的设备应该是数字控制的,以使系统具有足够的柔性。⑤系统的布局应该在信息系统的支持下快速、自动地改变。

2.可重构制造系统的内涵

可重构制造系统是个广义的概念,它包括企业组织结构的重构、业务处理过程的重构、技术系统的重构和物料处理系统的重构等。

(1)企业组织结构的重构

人员是制造系统的重要组成部分,组织结构规范了人员的行为方式与活动空间，因此组织结构的可重构能力是制造系统快速响应变化的基本条件。通过对组织机构的快速重构，能使企业以最恰当的方式组织和管理企业的生产经营过程，快捷和经济地向用户提供产品。

组织结构的重构包括企业内部组织结构的重构和企业间组织结构的重构。

企业内部组织结构的重构，一方面面对市场环境的变化，或为了提高组织的管理效率，需要对组织结构做一定的调整，其结果会保持较长的时间，以便维持企业结构的稳定性；另一方面为了响应外部环境的扰动，在一定的范围内进行临时性组织结构变化，在范围和深度方面的影响比较小，企业结构可以很快趋于稳定状态。

企业间组织结构的重构是指与供应链上的若干组织建立起长期或短期的战略联盟，这种动态联盟型或网络型企业可以优化利用各企业的资源快速满足某个市场需求，实现共赢。

(2)业务处理过程的重构

现代企业的运作更多的是基于过程的。因此，制造系统的重构必须包括业务处理过程的重构。业务处理过程的重构包括单个过程的重构和过程网络的重构，单个过程的重构是过程网络重构的基础。在企业组织结构重构后，企业的业务处理过程也必须相应地进行重构，以适应组织结构的变化。业务处理过程重构被分成3个阶段，即过程建模、过程分析和过程重构。

第一个阶段，过程建模采用形式化的语言描述过程的目标、内容、活动分解、活动之间的关系等。

第二个阶段，过程分析研究过程的边界、目标、活动的输入/输出约束、角色、资源和协调控制方式，评价过程运行的性能，分析可能存在的问题，寻找隐含的关联性。

第三个阶段，过程重构是在各个过程单元的属性及其操作方法都确定后，再自下而上地将过程单元组合起来，形成完整的过程，再将相关过程组合成过程网络，并对过程网络进行优化，从而实现过程重构。

(3)技术系统的重构

技术系统的重构主要指的是产品开发技术的重构，通过产品开发技术的重构来实现产品的可重构性。产品重构涉及从市场营销、设计、加工制造、使用到报废处理的整个生命周期。

(4)物料处理系统的重构

物料处理系统包括物料加工设备和物料储运设备。首先设备本身应该是可重构的，其次是设备的布局也应该是可重构的。设备本身的重构可以简化设备的结构，实现设备无冗余运行，从而提高设备的可靠性、效率和减少运行成本。设备布局的重构意味着可以快速改变设备的组合，以适应产品种类的变化。设备的模块化设计是设备及系统重构的基础。

除了上述重构内容外，还包括系统控制结构的重构和信息系统的重构。

四、绿色制造

（一）绿色制造的基本理念

1.绿色制造的概念

高速发展的工业经济给人类带来了高度发达的物质文明，同时也带来了严重的环境污染。环境污染除给人们的生活、健康带来不良影响外，还制约着人类社会的持续发展。制造业是最大的污染源之一。传统的制造业通常采取将生产过程中产生的废水、废气和固体排放物进行“末端治理”的方法，但这种方法无法从根本上解决制造业的环境污染问题，而且投资大、成本高、消耗资源和能源。于是，一种新的制造理念——绿色制造战略应运而生。

绿色制造（green manufacturing），有的也称为环境意识制造或面向环境的制造，这是一个系统考虑环境和资源效率的现代制造模式。绿色制造的目标是使产品从设计、制造、包装、运输、使用直至报废处理的整个产品生命周期中，对环境的负面影响最小，资源利用率最高，并使企业经济效益和社会效益协调优化。这里所指的环境，既包括自然生态环境，也包括社会环境和人类健康等。

基于产品生命周期的概念，绿色制造可定义为：在不牺牲产品功能、质量和成本的前提下系统考虑产品开发制造及其活动对环境的影响，使产品在整个生命周期中对环境的负面影响最小，资源利用率最高，并使企业经济效益和社会效益协调优化。

2.绿色制造的内涵及特征

（1）绿色制造的内涵

绿色制造具有非常丰富、十分深刻的内涵，其要点主要有4个方面。

绿色制造涉及制造技术、环境科学和资源优化等多个学科领域，是一种广义的现代制造模式。

绿色制造必须考虑产品的生命周期过程和物物转化过程，通过绿色制造要实现减少污染、保护环境和实现资源优化2个目标。

绿色制造技术包括绿色设计、清洁生产、绿色再制造等现代设计和制造技术，综合考虑了产品在整个生命周期过程中对环境造成的影响和损害。

绿色制造充分考虑资源、环境，综合解决了资源、环境、人口这三大问题实现可持续发展所面临的主要问题,是实现经济社会可持续发展目标的基础和保障。

(2)绿色制造的特征

绿色制造是一种以保护环境和资源优化为目标的现代制造模式,它与传统的制造模式相比具有本质的不同,主要表现在以下4方面。

绿色制造要求在整个产品生命周期,即在原材料供应、产品制造、运输、销售、使用、回收的过程中,实现减少环境污染、资源优化的目标。

绿色制造强调以人为本,以提高企业经济效益、社会效益和生态效益为目标。

绿色制造致力于包括制造资源、制造模式、制造工艺、制造组织等方面的创新,鼓励采用新的技术方法、使用新的材料资源。

绿色制造需要企业投入更多的人、财、物来保护生态环境,而受益者不仅仅是企业本身,还有整个社会,因此绿色制造模式具有社会性。

3.推行绿色制造的意义

开展绿色制造技术的研究,将有力地推动制造科学的发展。绿色制造技术涉及现代制造思想的变革、可持续制造理论以及学科交叉、技术集成等,它属于一种现代制造技术的技术前沿和学科前沿,开展绿色制造技术的研究,必然会推动相关学科和技术的快速发展。

绿色制造是实现人类可持续发展的必然需求。绿色制造既考虑满足经济发展的需要,又考虑环境和资源对人类生存的影响,可真正满足人类长远生存的要求,无疑这对于人类的可持续发展是十分重要的。

绿色制造是企业管理的重要内容。1997年国际标准化组织针对企业管理的评估推出了ISO 14000系列环境管理标准,它包括环境管理体系、环境审核、环境标志、生命周期分析等,用于指导和规范各类企业、公司的企业环境管理和绿色产品开发。

绿色制造为制造企业取得显著的经济效益带来了新的机遇。实施绿色制造可以最大限度地提高资源利用率,减少资源消耗,从而直接降低生产成本;实施绿色制造可以改善工作环境和条件,保护工人的安全和健康,提高工作效率;通过减少或消除环境污染,可以减少或避免企业的环境责任和义务。

实施绿色制造战略将为我国企业突破国际绿色贸易壁垒提供有力的支撑。近年来,许多国家,特别是某些发达国家以保护本国环境为由,制定了极为苛刻的产品环境指标,设置“绿色贸易壁垒”,限制国际产品特别是发展中国家产品进入市场。绿色制造将为我国企业提高产品的绿色性能、冲破“绿色壁垒”提供有效的技术支撑。

(二)绿色制造研究的内容及发展趋势

1.绿色制造研究的内容

(1)绿色设计技术

绿色设计技术是绿色制造的重要子领域,是指在产品及其生命周期全过程的设计中,充分考虑对资源和环境的影响,充分考虑产品的功能、质量、开发周期和成本,优化各有关设计因素,使得产品及其制造过程对环境的总体影响减到最小,资源消耗最少。

绿色设计的主要研究内容包括:①面向环境的产品设计,涉及产品方案设计和产品结构设计;②面向环境的制造方案设计或重组;③面向环境的工艺设计;④面向环境的产品包装方案设计;⑤面向环境的产品回收处理方案设计。

(2)制造企业的物能资源优化技术

制造企业的物能资源消耗不仅涉及人类有限资源的消耗问题,而且物能资源废弃物是当前环境污染的主要源头,因此应研究制造系统的物能资源消耗规律、面向环境的产品材料选择、物能资源的优化利用技术、面向产品生命周期和多个生命周期的物流和能源的管理与控制技术等。

(3)绿色ERP(企业资源计划)管理模式和绿色供应链

在绿色制造企业中,企业的经营与生产管理必须考虑资源消耗和环境影响及其相应的资源成本和环境处理成本,以提高企业的经济效益与环境效益。其中,面向绿色制造的整个(多个)产品生命周期的绿色MRPⅡ/ERP管理模式及其绿色供应链将是重要的研究内容。

(4)绿色制造的数据库和知识库

研究绿色制造的数据库和知识库,为绿色设计、绿色材料选择、绿色工艺规划和回收处理方案设计提供数据支撑和知识支撑。

(5)绿色制造的实施工具和产品

研究绿色设计的支撑软件,包括计算机辅助设计系统、绿色工艺规划系统、绿色制造的决策支撑系统、ISO 14000国际认证的支撑系统等,可能会形成一个新兴的软件产业。

(6)绿色集成制造系统的运行模式

绿色集成制造系统将企业中各项活动中的人、技术、经营管理、物能资源和生态环境,以及信息流、物料流、能量流和资金流有机集成,并实现企业和生态环境整体优化,达到产品上市快、质量高、成本低、服务好、有利于环境、赢得竞争的目的。

(7)制造系统环境影响评估系统

环境影响评估系统要对产品生命周期中的各个环节的资源消耗和环境影响的情况进行评估，所评估的主要内容包括：制造过程物料资源的消耗状况，制造过程能源的消耗状况，制造过程对环境的污染状况，产品使用过程对环境的污染状况，产品寿命终结后对环境的污染状况等。

(8)绿色制造的社会化问题研究

绿色制造是一种企业行为，但需以法律行为和政府行为作为保障和制约。研究绿色制造及其企业管理势必涉及社会对于环保的要求和相应的政策法规，只有合理制定关于资源优化利用和综合利用、环境保护等方面的法规，才能真正推动绿色制造的实施。

2.绿色制造的专题技术

(1)绿色材料的研究

绿色材料是指在满足一般功能要求的前提下，具有良好的环境兼容性的材料。绿色材料在制备、使用以及使用后处置等生命周期的各阶段，应具有最大的资源利用率和最小的环境影响。选择绿色材料是实现绿色制造的前提和关键因素之一。

绿色制造选择材料应遵循以下3个原则：①优先选用可再生材料，尽量选用可回收材料，提高资源利用率，实现可持续发展。②尽量选用低能耗、少污染的材料，材料在制造提取过程中应能耗低、污染小。③尽量选择环境兼容性好的材料及零部件，并尽量避免选用有毒、有害和有辐射特性的材料，所用材料应易于再利用、回收、再制造或易于降解。

(2)清洁生产的研究

清洁生产实质是一种物料和能源消耗最少的人类生产活动的规划和管理，旨在将废物减量化、资源化、无害化，或消灭在生产过程中，从产品的生产过程到产品的使用、服务过程进行广义的污染防治和过程控制，从根本上解决工业污染问题。

清洁生产旨在实现2个目标：即通过节能、降耗等合理利用自然资源，减缓资源的耗竭；减少工业废弃物和污染物的产生和排放，降低工业活动对人类和环境的危害，促进工业与环境的协调发展。实现清洁生产的途径如下：①改变原材料投入、有用副产品的利用、回收产品的再利用，以及对原材料的就地再利用，特别是在工艺过程中的循环利用。②改变生产工艺或制造技术，改善工艺控制，改造原有设备，将原材料消耗量、废物产生量、能源消耗、健康与安全风险以及生态的损害减少到最低程度。③加强对自然资源的使用以及空气、土壤、水体和废物排放的环境评价，根据环境负荷的相对尺度，确定其对生物多样性、人体健康、自然资源的影响评价。

(3)绿色包装的研究

绿色包装技术就是从环境保护的角度优化产品包装方案,使得资源消耗和废弃物产生最少。绿色包装可以分为包装材料、包装结构和包装废弃物回收处理3个方面。

产品绿色包装的基本原则是:①选择绿色包装材料。各式各样的包装材料占据了废弃物的很大份额。包装材料的使用和废弃后的处置给环境带来了极大的负担,尤其是一些塑料和复合化工产品,很多是难以回收和再利用的,只能焚烧或掩埋处理,有的降解周期可达上百年,给环境带来了极大的危害。因此,产品的包装应摒弃求新、求异的消费理念,尽量简化包装,这样既可减少资源的浪费,又可减少对环境的污染和废弃后必需的处置费用。另外,产品包装应尽量选择无毒、无公害、可回收或易于降解的材料。②改进产品结构,改善包装。改进产品结构,减轻重量,也可改善包装,降低成本并减小对环境的不利影响。

(4)绿色产品使用的研究

第一,延长产品的生命周期。显而易见,延长产品的生命周期可以最终减少产品报废后的各种处置工作,从而提高资源利用率,减少对环境的负面影响。要延长产品的生命周期,增加产品的可维护性是一个重要的方法,在设计阶段就应考虑使产品易损件易于拆卸和维修。

第二,面向能源节省的设计。关注产品的使用所消耗的资源及其给环境带来的负担,关心产品的储存和运输环节,减少产品的重量和体积,以减轻产品的运输给环境带来的负担。

(5)面向回收的设计

产品的回收在其生命周期工程中占有重要的位置,正是通过各种各样的回收策略,产品的生命周期形成了一个闭合的回路。寿命终了的产品最终通过回收又进入下一个生命周期的循环之中。回收是实现生态工业的先决条件。面向回收的设计思想,使产品设计师能考虑产品生命周期的全过程,既减少了对环境的影响,又使资源得到充分利用,同时还明显降低了产品成本。

(6)绿色再制造

绿色再制造(green re-manufacturing)是一项修复或改造废旧产品的一系列技术措施或工程活动。再制造的产品既可以是设备、设施,也可以是零部件;既可以是硬件,也可以是软件。采用产品再制造技术,在减少原材料使用、能源消耗的同时,还可大量减少工业废弃物的回收、处理费用以及对环境的污染。绿色再制造技术主要包括再制造加工和过时产品的性能升级。

再制造技术是为了适应持续发展、节约资源、保护环境的需要而形成并正在发展的新兴研究领域和新兴产业，是多个学科综合、交叉、渗透的新兴学科，相关学科有机械工程、材料科学与工程、冶金工程、摩擦学、仪器科学与技术、信息与通信工程、控制科学与工程、计算机科学与技术、环境科学与工程、检测与自动化装置、模式识别与智能控制等学科领域。

3.绿色制造的发展趋势

绿色制造这几年以来的研究非常活跃，研究内容体系也正在形成。其研究发展趋势可归纳为以下6个方面。

(1)全球化

绿色制造的研究和应用将越来越为世界各国所重视。人们越来越清醒地认识到，人类需要团结起来，保护我们共同拥有的唯一的地球。ISO 14000系列标准的出台为绿色制造的全球化研究和应用奠定了良好的基础。随着全球化市场的形成，绿色产品的市场竞争将是全球化的。近年来，许多国家对进口产品需要进行绿色性认定，要有“绿色标志”，特别是有些国家设置了“绿色贸易壁垒”，这就使得发展中国家必须为消除国际贸易壁垒而努力为绿色制造提供技术支持，这也将促使绿色制造全球化。

(2)社会化

绿色制造的社会支撑系统正在逐步形成，绿色制造的研究和实施需要全社会的共同努力和参与，必须建立绿色制造所必需的社会支撑系统。

绿色制造涉及的社会支撑系统首先是立法和行政规定问题，对于违反绿色制造的行为应加大惩罚力度；其次，政府可制定相应的经济政策，用市场经济机制对绿色制造实施导向，例如制定有效的资源价格政策，利用经济手段对不可再生资源和虽可再生资源但开采后会对环境产生影响的资源(如树木)严加控制，使得企业和个人不得不尽可能减少直接使用这类资源，转而寻求开发替代资源。

目前，世界各国对于环境保护问题、减少污染问题、有效利用资源等问题，都正在出台各种法规和政策，一个绿色制造所需要的社会支撑系统正在逐步形成。

(3)集成化

人们将更加注重系统技术和集成技术的研究，要真正有效地实施绿色制造，必须从系统的角度和集成的角度来考虑和研究绿色制造中的有关问题。

当前，绿色制造的功能目标集成体系、产品和工艺设计与材料选择集成系统、用户需求与产品使用集成系统、绿色制造体系的信息集成系统、绿色制造的过程集成系统等集成技术的研究将成为绿色制造的重要研究内容。

绿色制造集成化的另一个方面是绿色制造的实施需要一个集成化的制造系统来进行。为此,有人提出了绿色集成制造系统的概念,并建立了一种绿色集成制造系统的体系框架。该系统包括管理信息系统、绿色设计系统、制造过程系统、质量保证系统、物能资源系统、环境影响评估系统6个功能分系统,计算机通信网络系统和数据库知识库系统2个支持分系统,以及与外部的联系。

(4)并行化

绿色并行工程将成为绿色产品开发的有效模式,绿色设计今后仍将是绿色制造中的关键技术。绿色设计今后的一个重要趋势就是与并行工程结合,从而形成一种新的产品设计和开发模式——绿色并行工程。

绿色并行工程又称为绿色并行设计,是现代绿色产品设计和开发的新模式。它是以集成的、并行的方式设计产品及其生命周期全过程,力求使产品开发人员在设计一开始就考虑产品整个生命周期,即从概念形成到产品报废处理的所有因素,包括质量、成本、进度计划、用户要求、环境影响、资源消耗状况等。

绿色并行工程涉及绿色并行工程的协同组织模式、协同支撑平台、绿色设计的数据库和知识库、设计过程的评价技术和方法、绿色并行设计的决策支持系统等一系列关键技术。

(5)智能化

人工智能和智能制造技术将在绿色制造研究中发挥重要作用。绿色制造的目标决策体系是现有制造系统TQCS(即产品上市时间T、产品质量Q、产品成本C和为用户提供的服务S)目标体系与环境影响E和资源消耗R的集成,即形成了TQCSRE的目标决策体系。这些是一个难以用一般数学方法处理的十分复杂的多目标优化问题,需要用人工智能方法来支撑处理。另外,绿色产品评估指标体系及评估专家系统均需要人工智能和智能制造技术。此外,基于知识系统、模糊系统和神经网络等的人工智能技术也将在绿色制造研究开发中起到重要作用。

(6)产业化

绿色制造的实施将导致一批新兴产业的形成,除大家已注意到的废弃物回收处理的服务产业和废弃物回收处理的装备制造业外,另有2大类产业值得特别注意。

第一类,绿色产品制造业。制造业将不断研究、设计和开发各种绿色产品,以取代传统的资源消耗较多和对环境负面影响较大的产品,这方面的产业将持续兴旺发展。

第二类，实施绿色制造的软件产业。企业实施绿色制造，需要大量软件工具和软件产品，如计算机辅助绿色产品设计系统、绿色工艺规划系统、绿色制造决策系统、产品生命周期评估系统等，这将会推动新兴软件产业的形成。

五、网络化制造

（一）网络化制造的理念

1. 网络化制造的基本概念

随着信息网络的飞速发展，借助网络技术实现产品的设计和制造已经是大势所趋。网络化制造的概念产生于20世纪90年代，是目前设计和制造领域重点研究的技术。网络化制造是通过采用先进的网络技术、现代制造技术、现代企业管理技术及其他相关技术，构建面向企业特定需求的、基于网络的集成化制造平台，并在平台的支持下，突破空间地域对企业生产经营范围和方式的约束，开展覆盖产品整个生命周期全部环节的企业数字化业务活动，实现企业间的商务协同和各种社会资源的共享与集成，高速度、高质量、低成本地为市场提供所需的产品和服务，最终提高企业的核心竞争能力。

网络化制造的概念，国内外已有大量的论述，综上所述，可以这样定义：网络化制造是基于网络的制造企业的各种制造活动及其所涉及的制造技术和制造系统的总称，其中网络包括：Internet、Intranet等。各种网络制造企业包括单个企业、企业集团以及面向某一市场机遇而组建的虚拟企业等各种制造企业及企业联盟；制造活动包括市场运作、产品设计与开发、物料资源组织、生产加工过程、产品运输与销售和售后服务等企业所涉及的一切相关活动和工作。

网络化制造系统是一种由多种、异构、分布式的制造资源，以一定互联方式，利用计算机网络组成开放式的、多平台的、相互协作的、能及时灵活地响应用户需求变化的制造系统，是一种面向群体协同工作并支持开放集成性的系统。

网络化制造是企业实现制造资源优化配置与合理利用的主要途径。网络化制造模式致力于将分散的制造资源有效集成，形成核心优势，降低成本，提高企业的效率和效益。在全球化制造形势下，使用外部资源而不是拥有它们的制造模式将成为制造业重要的发展方向。

从整体上看，网络化制造有4个核心概念：覆盖企业内外部、四通八达的网络环境；产品生命周期过程的协同；不同企业制造资源的共享；供应链上各方利益的共赢。实现网络化制造后，企业可以最快的速度、最低的成本、最好的服务满足动态多变的市场需求。

2. 网络化制造的主要内容

网络化制造包含的内容很多，几乎囊括了制造技术的各个方面。

(1)网络化制造的支撑环境

网络化制造系统是一个复杂的大系统，它的运作主要借助于现代计算机网络。按照企业的组织结构和网络化制造的要求，一般可分为企业内部的Intranet网，实现内部的信息交换和集成制造；企业总部与分散在全国各地甚至全球各国的分/子公司之间实现信息交换的Extranet网，实现集团级的协同管理和制造；与外部环境实现信息交换的Internet网，企业之间借助于网络实现协同设计、协同制造、协同商务等，供应链企业与制造企业共同构成敏捷供应链，此处的外部环境包括上级管理部门、上游供应商、下游的分销商和用户等。

网络化制造的重点是实现远程、异地的信息交换，因此需要在硬件网络环境基础上建立起一种机制，用以支持集团公司、各子公司、集团外战略合作伙伴、用户和供应商之间的通信，这种机制通过一个分布式异构环境下的集团资源共享、信息和过程集成的支撑平台来实现。支撑平台支持跨地域、异构环境下的信息无缝连接，支持整个集团的信息集成、过程集成和资源共享，从而能够实现更大范围内的应用系统重组。但是在逻辑上，产品生命周期的物流还是要经过设计、制造和销售等环节来实现。支撑平台具有高度的灵活性和开放性，采用分布式对象技术，使不同应用系统之间的互操作透明化，并保证数据传输的可靠性和效率，采用工作流管理等技术实现应用系统的重组和集成。支撑环境还包括建立内容丰富的制造资源库。

(2)协同的概念

网络化制造的关键是协同，不同实体(既包括计算机系统，也包括人和组织等)的协同作用贯穿了整个产品生命周期的全过程(协同设计、分散制造、协同商务等方面)，这些协同作用有：①集团公司与子公司的协同。一是集团公司在新产品的开发过程中要经常与负责制造的子公司进行工艺方面信息的交流，即并行工程式的协同；二是集团的采购工作要迅速响应生产的需求，即供应链式的协同。②子公司之间的协同，即集团内部供应链的协同和产品的配套性协同。③集团与其他合作伙伴的协同，即集团与其他伙伴之间的知识共享、设计资源共享、制造资源共享、商务信息共享。④集团与用户的协同，即用户对设计和制造过程的某种介入，目的是使设计和制造的产品更符合用户的要求，减少双方理解上的偏差。⑤集团与供应商的协同，即原材料供应商能够及时响应集团需求，减少甚至消除供应链的等待时间。

(3)协同商务系统

协同商务系统既包括对外的供应链管理系统、用户关系管理系统、合同管理系统、网上产品配置系统等,也包括用于集团内部(包括各子公司)联系的资产管理系统、财务管理系统、信息管理系统、决策支持系统和人力资源管理系统等。

(4)协同设计系统

协同设计系统包括新产品的协同设计、跨地域服务工程、协同工艺设计等功能。不仅支持集团内部的协同设计,也支持集团与其他企业和研究机构的协同设计。

(5)分散制造系统

分散制造系统由各个子公司内部的ERP、CAM等子系统与动态联盟企业中合作伙伴的部分系统组成。分散制造系统也包括借助于数据库的社会资源的协同采购和动态联盟等。

(二)网络化制造技术

1.网络化制造技术的特征

(1)基本特征

网络化制造的实质是网络技术和制造技术的结合,网络化制造中网络技术的根本功能是为制造系统和制造过程提供一种快速、方便的信息交互手段和环境,因此网络化制造的基本内涵和特征是基于网络的信息(含数据)快速传输和交互。

(2)技术特征

第一,时间特征。网络使信息能快速传输与交互,使制造系统中信息传输过程的时间效率发生根本性变化,可在制造过程中利用地球时差实现不间断的24h设计作业等。

第二,空间特征。基于网络的异地设计、异地制造使企业走出围墙,走向全球,使得分散在各地的企业根据市场机遇随时组成动态联盟,实现资源共享,拓展了企业空间。

第三,集成特征。网络和信息快速传输与交互,支持企业内外实现信息集成、功能集成、过程集成、资源集成及企业之间的集成。

(3)功能特征

第一,敏捷响应特征。基于网络的敏捷制造和并行工程等技术可显著缩短产品开发周期,迅速响应市场。

第二,资源共享特征。通过网络使分散在各地的信息资源、设备资源、人才资源可实现共享和优化利用。

第三,企业组织模式特征。网络和数据库技术将使得封闭性较强的金字塔式递阶结构的传统企业组织模式向着基于网络的、扁平化的、透明度高的、项目主线式的组织模式发展。

第四,生产方式特征。过去的大批量、少品种将发展到现在的小批量、多品种定制型生产方式。21世纪的市场将越来越体现个性化需求的特点,因此基于网络的定制将是满足这种需求的一种有效模式。

第五,客户参与特征。客户不仅是产品的消费者,而且还将是产品的创意者和设计参与者。基于网络的DFC(design for customer)和DBC(design by customer)技术将为用户参与产品设计提供可能。

第六,虚拟产品特征。虚拟产品、虚拟超市和网络化销售将是未来市场竞争的重要方式。用户足不出户,就可在网上定制所喜爱的产品,并迅速见到其虚拟产品,而且可进行虚拟使用和产品性能评价。

第七,远程控制特征。设备的宽带联网运行,可实现设备的远程控制管理,以及设备资源的异地共享。

第八,远程诊断特征。基于网络可实现设备及生产现场的远程监视及故障诊断。

2.网络化制造环境下的自动化制造系统

网络化制造在一定程度上扩展了自动化制造系统的概念。网络化制造环境下的机床或自动化制造设备将不再是孤立的加工系统,而是在网络环境下与工程设计系统、生产管理系统直接相连的一个节点,可以实现远程动态重构设备布局、远程加工过程管理和控制、远程设备监控及远程故障诊断和维修等功能。

(三)网络化制造平台

1.网络化制造平台的类型

常见的网络化制造系统,按照制造企业商务运行模式和业务经营范围可以分为通用型和专用型2大类。通用型网络化制造平台往往开始由政府出面组织运作,发展到一定阶段之后逐渐转交给专门的股份制企业进行商业化运作与管理,这类平台对于建立并支持许多基于市场机会而产生的短期和动态的企业间协作过程具有重要价值。通用型网络化制造平台包括2个子类:一般通用型和区域通用型。专用型网络化制造平台包括4个子类,即行业型专用平台、战略联盟型专用平台、集团或者单个企业专用平台、传统合约型专用平台。

2.网络化制造的运行支撑技术和运行管理策略

(1)运行支撑技术

网络化制造系统的运行支撑技术可以分为2大类:计算机网络运行的通用支撑技术和产品制造过程的数字化与自动化相关支撑技术。前者可用于计算机网络应用的各个方面,后者只是在产品的整个生命周期中采用数字化的形式处理有关产品的一切相关信息和制造技术。

(2)运行管理策略

网络化制造系统的运行管理策略包括系统资源配置和调度策略等,这些与其商务运作模式密切相关,按照网络化制造项目的运行过程可以分为以下4个部分。

第一,制造资源的配置。针对特定的制造项目,确定制造资源动态整合的目标,以及实施的评价标准,在一定的制造资源范围内进行整合,形成一个能够完成特定产品制造全过程的制造子系统。

第二,制造过程的规划与调度。根据定制产品的设计与制造工艺要求确定(虚拟)企业制造项目的目标,包括产品的功能与质量需求,对产品制造技术的要求,交货期对制造总工期的限制,成本预算对制造总费用的限制,制定制造项目规划与调度方案。

第三,制造过程中的控制。用户需求的改变、关键参数估计得不准确,以及其他不可预知的因素将导致制造项目执行过程与原有项目调度方案产生差异。有时这种差异将不得不导致项目目标的重新设定。制造过程的控制问题实质上是一个在某种资源约束范围内快速求得解决方案的过程。

第四,制造过程结束后的评价。建立一整套跨企业制造项目的结束后评价体系,以便对完成的每一个制造项目,从项目的周期范围内的技术与质量、时间和费用等各方面进行全面评价。

3.网络化制造研究的现状

网络化制造方面的研究正在全球迅速兴起,围绕网络化制造模式的研究,或者在与网络化制造有关的研究中出现了一系列新概念、新观点和新思想,如敏捷制造、并行工程、虚拟制造、虚拟企业和动态联盟等。这些新概念、新观点、新思想无不体现了企业基于网络的制造理念,同时以此为基础的网络化制造的研究和应用也在迅速发展。

第二节 工业自动化制造技术

一、制造自动化技术

(一)制造自动化技术概述

1.制造自动化的概念

制造自动化是人类在长期的生产活动中不断追求的主要目标之一,制造自动化技术是先进制造技术中的重要组成部分。早期制造自动化的概念认为,在一个生产过程中,机器之间的零件转移不用人去搬运就是“自动化”,狭义地理解为制造自动化就是用机器(包括计算机)代替人的体力劳动或脑力劳动。随着制造技术、电子技术、控制技术、计算机技术、信息技术、管理技术的发展,制造自动化已远远突破这一传统的概念,具有更加宽广和深刻的内涵。而今,制造自动化是指“大制造概念”的制造过程的所有环节采用自动化技术,实现制造全过程的自动化,也就是对制造过程进行规划、运作、管理、组织、控制与协调优化,以使产品制造过程实现高效、优质、低耗、及时和洁净的目标。

制造自动化的功能目标是多方面的,可用TQCSE功能目标模型描述。

T表示时间(time),指采用自动化技术,缩短产品制造周期,产品上市快,提高生产率。

Q表示质量(quality),指采用自动化技术,提高和保证产品质量。

C表示成本(cost),指采用自动化技术有效地降低成本,提高经济效益。

S表示服务(service),指利用自动化技术,更好地做好市场服务工作,也能通过替代或减轻制造人员的体力和脑力劳动,直接为制造人员服务。

E表示环境(environment),其含义是制造自动化应该有利于充分利用资源,减少废弃物和环境污染,有利于实现绿色制造及可持续发展制造战略。

T、Q、C、S、E是相互关联的,它们构成制造自动化功能目标的有机体系。

制造自动化代表着先进制造技术的水平,促使制造业逐渐由劳动密集型产业向技术密集型和知识密集型产业转变,以其柔性化、集成化、敏捷化、智能化、全球化的特征来满足市场快速变化的要求,是制造业发展的重要表现和重要标志,也体现了一个国家的科技水平。

2. 制造自动化技术的发展沿革

制造自动化技术的发展与制造技术的发展密切相关。制造自动化技术的生产模式经历的5个发展阶段如图5-5所示。

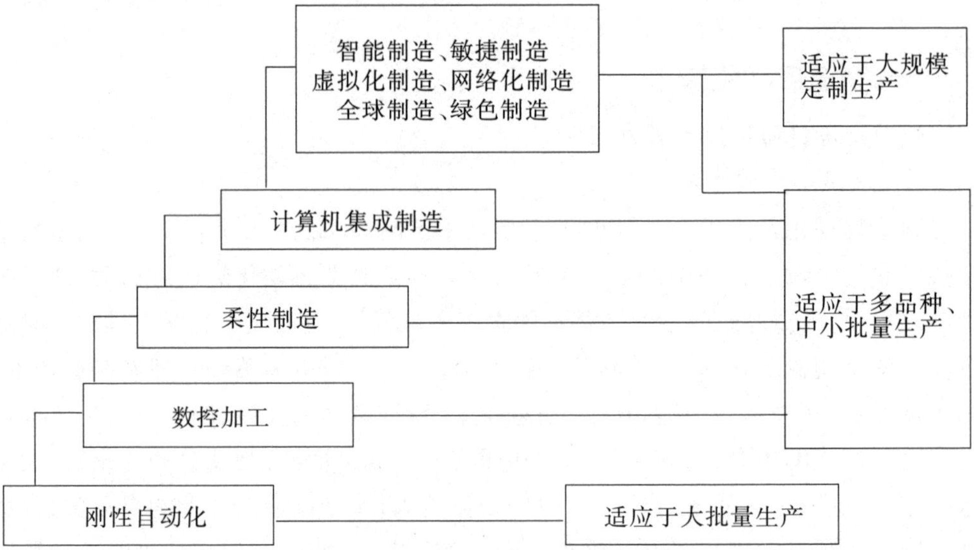

图5-5　制造自动化技术发展的5个阶段

第一阶段:刚性自动化,包括自动单机和刚性自动线。本阶段应用传统的机械设计与制造工艺方法,采用专用机床和组合机床、自动单机或自动化生产线进行大批量生产。其特征是高生产率和刚性结构,但很难实现生产产品的改变。

第二阶段:数控加工,包括数控(NC)和计算机数控(CNC)。数控加工设备包括数控机床、加工中心等。其特点是柔性好、加工质量高,适应于多品种、中小批量(包括单件)产品的生产。

第三阶段:柔性制造。本阶段的特征是强调制造过程的柔性和高效率,适应于多品种、中小批量的生产。涉及的主要技术包括成组技术(GT)、计算机直接数控和分布式数控(DNC)、柔性制造单元(FMC)、柔性制造系统(FMS)、柔性加工线(FML)、离散系统理论和方法、仿真技术、车间计划与控制、制造过程监控技术、计算机控制与通信网络等。

第四阶段:计算机集成制造(CIM)和计算机集成制造系统(CIMS)。其特征是强调制造全过程的系统性和集成性,以解决现代企业生存与竞争的TQCSE问题。

第五阶段:新的制造自动化模式,如智能制造、敏捷制造、虚拟制造、网络化制造、全球制造和绿色制造。

3.制造自动化技术的研究内容

制造自动化技术的研究内容主要体现在以下7个方面:

第一,单元系统的研究占有很重要的位置。以一台或多台数控加工设备和物料储运系统为主体的单元系统在计算机统一控制管理下,可进行多品种、中小批量零件的自动化加工生产,它是现代集成制造系统的重要组成部分,是自动化工厂车间作业计划的分解决策层和具体执行机构。

第二,制造过程的计划和调度。研究表明,一个机械零件在传统的制造过程中,只有1%的时间在机床上,而在95%的时间里,零件是在不同的地方和不同的机床之间运输或等待。减少这95%的时间,是提高制造生产率的重要方向,优化制造过程的计划和调度是减少95%时间的主要手段。

第三,柔性制造技术研究。FMS的研究已有较长历史,目前的研究主要围绕FMS的系统结构、控制、管理和优化运行等方面进行。

第四,制造系统的集成技术和系统技术。集成技术包括制造系统中的信息集成和功能集成技术(如CIMS)、过程集成技术(如并行工程)、企业间集成技术(如敏捷制造)等;系统技术包括制造系统分析技术、制造系统建模技术、制造系统运筹技术、制造系统管理技术和制造系统优化技术等。

第五,制造自动化系统中人的作用的研究。通过对无人化制造自动化问题进行反思,对于人在制造自动化系统中有着机器无法替代的重要作用进行了重新认识,提出了"人机一体化制造系统""以人为中心的制造系统"等新思想,其内涵就是发挥人的核心作用,将人作为系统结构中的有机组成部分,使人与机器处于优化合作的地位,实现制造系统中人机集成的决策机制,以取得制造系统的最佳效益。

第六,适应现代生产模式的制造环境的研究。当前,并行工程(concurrent engineering)、精益生产(lean production)、敏捷制造(agile manufacturing)、虚拟制造(virtual manufacturing)、仿生制造(bionic manufacturing)和绿色制造(green manufacturing)等现代制造模式的提出和研究,推动了制造自动化技术研究和应用的发展,适应现代制造模式发展的需要。

第七,底层加工系统的智能化和集成化研究。目前世界上的IMS(intelligent manufacturing system)计划中,提出了智能完备制造系统HMS(holonic manufacturing system,又称合成制造系统)。HMS是由智能完备单元复合而成的,其底层设备具有开放、自律、合作、适应柔性、可知、易集成和鲁棒性好等特性。另外,世界上刚刚出现的虚拟轴机床,变革了传统机床的工作原理,在性能上更具许多独特优势。又如快速原型制造(rapid prototyping manufacturing)是一种有利于实现集成制造的新技术。

(二)制造自动化技术的发展趋势

制造自动化技术的发展趋势表现在以下6个方面。

1. 制造敏捷化

敏捷化是制造环境和制造过程面向21世纪制造活动的必然趋势,所包括的内容有柔性、重构能力、快速化的集成制造工艺等。

2. 制造网络化

基于Internet/Intranet的制造已成为制造业重要的发展趋势。制造网络化包括制造环境内部的网络化,实现制造过程的集成;制造环境与整个制造企业的网络化,实现制造环境与企业中工程设计、管理信息系统等各子系统的集成;企业与企业间的网络化,实现企业间的资源共享、组合与优化利用;通过网络,实现异地制造等。

3. 制造虚拟化

基于数字化的虚拟化技术主要包括虚拟现实(VR)、虚拟产品开发(VPD)、虚拟制造(VM)和虚拟企业(VE)。制造虚拟化主要是以制造技术和计算机技术支持的系统建模技术和仿真技术为基础,集现代制造工艺、计算机图形学、并行工程、人工智能、人工现实技术和多媒体技术等多种高新技术为一体,由多学科知识形成的一种综合系统技术。它将现实制造环境及其制造过程通过建立系统模型映射到计算机及其相关技术所支撑的虚拟环境中,在虚拟环境下模拟现实制造环境及其制造过程的一切活动和产品制造全过程,并对产品制造及制造系统的行为进行预测和评价。虚拟制造是实现敏捷制造的重要关键技术。

4. 制造智能化

智能化是制造系统在柔性化和集成化基础上的进一步发展和延伸,未来的研究重点是具有自律、分布、智能、仿生、敏捷、分形等特征的新一代自动化制造系统。智能制造技术的目标在于通过人与智能机器的合作共事,去扩大、延伸和部分地取代专家在制造过程中的脑力劳动,以实现制造过程的优化。

5. 制造全球化

智能制造系统计划和敏捷制造战略的发展和实施,促进了制造业的全球化。随着网络全球化、市场全球化、竞争全球化、经营全球化的出现,全球化制造的研究和应用迅速发展,主要包括市场的国际化,产品销售的全球网络化;产品设计和开发的国际合作及产品制造的跨国化;制造企业在世界范围内的重组与集成,如动态联盟公司;制造资源的跨地区、跨国家的协调、共享和优化利用;全球制造体系结构即将形成。

6.制造绿色化

近几年来，出现了一个新的制造理念，即最有效地利用资源和最低限度地产生废弃物。这是当前世界上环境问题的治本之道，绿色制造的概念也由此产生。绿色制造是一个综合考虑环境影响和资源效率的现代制造模式，其目标是使产品从设计、制造、包装、运输、使用到报废处理的整个产品生命周期中，对环境的负作用影响最小，资源使用效率最高。绿色制造已成为全球可持续发展战略对制造业的具体要求和体现。对制造环境和制造过程而言，绿色制造主要涉及资源的优化利用、清洁生产和废弃物的最少化及综合利用。

二、数控加工技术

现代数控技术综合了机械加工技术、自动控制技术、检测技术、计算机技术和微电子技术，是当今世界上机械制造业的高新技术之一。现代制造技术的发展过程是制造技术、自动化技术、信息技术和管理技术等相互渗透和发展的过程，而数控技术以其高精度、高速度、高可靠性等特点已成为现代制造技术的技术基础。世界上各工业发达国家都把发展数控技术作为机械制造业技术革命的重点。

(一)数控加工技术概述

1.数控加工技术的发展历程

数控加工技术按照控制系统的发展，经历了以下5个阶段：①1948年，美国帕森斯公司提出了数控机床的初始设想。1952年，美国麻省理工学院试制成功世界上第一台数控机床。这是一台三坐标数控立式铣床，采用的是脉冲乘法器原理，其数控系统全部采用电子管器件，称为第一代数控系统。②1959年，由于在计算机行业中研制出了晶体管器件，因而数控系统开始广泛采用晶体管和印制电路板，从而跨入第二代数控系统。③1965年，小规模集成电路以其体积小、功耗低被广泛应用于数控系统，使得数控系统的可靠性得以进一步提高，数控系统发展到第三代。④1970年，在美国芝加哥国际机床展览会上，首次展示以小型计算机取代专用计算机的第四代数控系统，即计算机数控系统(computer numerical control，CNC)。⑤1974年，美、日等国数控生产厂家在美国Intel公司开发的微处理器技术基础上，首先研制出以微处理器为核心的数控系统(micro-computer numerical control，MNC)。由于中、大规模集成电路集成度和可靠性高，价格低廉，这种以微处理器技术为特征的第五代数控系统很快占据领先地位。

2.CNC系统的组成和结构特点

数控加工是指数控机床在数控系统的控制下，自动地按给定的程序进行机械零件加工的过程。数控系统发展水平的高低直接决定了数控加工技术的发展水平。

数控系统是由输入输出设备、计算机数字控制装置、可编程控制器、主轴驱动装置和进给驱动装置等组成的。

数控系统的核心是CNC装置。CNC装置是采用存储程序的专用计算机,它由硬件和软件2部分组成,软件在硬件环境支持下运行完成一部分或全部数控功能。

(1)CNC装置硬件结构

CNC装置硬件结构一般分为单微处理机结构和多微处理机结构2大类。

第一类,单微处理机结构。在此结构中,只有一个微处理机集中控制、分时处理数控的多个任务。有的CNC装置有两个以上的微处理机,但只有一台微处理机能够控制系统总线,而其他微处理机成为专用的智能部件,不能控制系统总线,不能访问主存储器。

第二类,多微处理机结构。此结构是指具有两个或两个以上的微处理机构成的处理部件,处理部件之间采用紧耦合,有集中式操作系统,共享资源;或者具有两个或两个以上的微处理机构成的功能模块,功能模块间采用松耦合,有多重操作系统有效地实行并行处理。

多微处理机CNC装置采用模块结构,一般由6种功能模块组成,即CNC管理模块,CNC插补模块,位置控制模块,可编程控制模块,操作、控制数据输入输出及显示模块,存储器模块。

(2)软件结构

软件结构取决于装置中软件和硬件的分工,也取决于软件本身的工作性质。CNC系统软件包括零件程序的管理软件和系统控制软件两大部分。零件程序的管理软件实现屏幕编辑、零件程序的存储及调度管理、与外界的信息交换等功能。系统控制软件是一种前后台结构式的软件。前台程序(即实时中断服务程序)承担全部实时功能,而准备工作及协调处理则在后台程序中完成。后台程序是一个循环运行的程序,在其运行过程中实时中断服务程序不断插入,共同完成零件加工任务。

CNC系统是一个专用的实时多任务计算机控制系统,其控制软件中融合了当今计算机软件技术的许多先进技术,其中最突出的是多任务并行处理和多重实时中断。多任务并行处理所包含的技术有:CNC装置的多任务;并行处理的资源分时共享和资源重复流水处理,并行处理中的信息交换和同步等。

(二)数控加工技术的发展趋势

科学技术的飞速发展,制造技术的不断进步,社会对产品多样化需求的加强,产品更新换代速度的加快,中小批量生产的比重明显增加,以及加工制造业向更高层次的FMS、CIMS发展的需要等,都要求现代数控机床向更高的速度、更高的精度、更高的可靠性及更完善的功能方向发展。数控系统的发展对数控加工技术起决定性作用。概括起来讲,数控系统呈现如下发展趋势:

第一,总线式、模块化结构的CNC装置。采用多微处理机、多总线体系结构,提高系统计算能力和响应速度。模块化有利于满足用户需要,构成最小至最大系统。

第二,在PC基础上开发CNC装置。充分利用通用PC丰富的软件资源,随PC硬件的升级而升级,适当配置高分辨率的彩色显示器。通过图像、多窗口、菜单驱动以及多媒体等方式,得到友好的人机界面。

第三,PC数控。PC既作为人机界面,同时利用其大容量存储能力和较强的通信能力,又可作为机床控制使用,称为PC数控。

第四,开放性。现代数控系统要求控制系统的硬件体系结构和功能模块具有兼容性,软件的层次结构、模块结构、接口关系等均符合规范标准,以方便机床制造商将特殊经验植入系统,让数控机床用户有自动化开发环境。

第五,大容量存储器的应用和软件的模块化设计,不仅丰富了数控功能,同时也加强了CNC系统的控制功能。它具备通信联网能力,支持多种通用和专用的网络操作,为工厂自动化提供了基础设备。

第六,将多种控制功能,如刀具破损检测、物料搬运、机械手控制等,都集成到数控系统中,使系统实现多过程、多通道控制,即具有一台机床同时完成多个独立加工任务,或控制多台和多种机床的能力。

第七,面向车间编程技术(workshop-oriented programming,WOP)和智能化。系统能提供会话编程、蓝图编程和CAD/CAM等面向车间的编程技术和实现二三维加工过程的动态仿真,并引入在线诊断、模糊控制等智能机制。

三、FMS和CIMS

(一)FMS(柔性制造系统)

1.FMS的产生和发展

机械制造自动化已有几十年的历史,从20世纪30年代到50年代,人们主要在大量生产领域中建立由自动车床、组合机床或专用机床组成的刚性自动化生产线。这些自动线具有固定的生产节拍,要改变生产品种是非常困难和昂贵的。随着市场对产品多样化、低制造成本及短制造周期等需求的日趋迫切,同时由于微电子技术、计算机技术、通信技术、机械与控制设备的进一步发展，制造技术已经向信息密集的柔性自动化生产方式及知识密集的智能自动化方向发展。20世纪60年代到70年代，计算机技术得到了飞速发展，计算机控制的数控机床在自动化领域取代了机械式的自动机床，因此使建立适合于多品种、小批量生产的柔性加工生产线成为可能。作为这种技术具体应用的柔性制造系统(FMS)、柔性制造单元(FMC)和柔性制造自动线(FML)等柔性制造设备纷纷问世，其中柔性制造系统最具代表性。

FMS是一种高效率、高精度、高柔性的加工系统，是制造业向现代自动化发展(计算机集成制造系统、智能制造系统、无人工厂)的基础设备。柔性制造技术将数控技术、计算机技术、机器人技术以及生产管理技术等融为一体，通过计算机管理和控制实现生产过程的实时调度，最大限度地发挥设备的潜力，减少工件搬运过程中的等待时间损失，使多品种、中小批量生产的经济效益接近或达到大批量生产的水平，从而解决了机械制造业高效率与高柔性之间的矛盾，被称为机械制造业中一次划时代的技术革命。自1967年世界上第一条FMS在英国问世以来，就显示出其强大的生命力。

经过10多年的发展和完善，到20世纪70年代末80年代初，FMS开始走出实验室而逐渐成为先进制造企业的主力装备。20世纪80年代中期以来，FMS获得迅猛发展，几乎成了生产自动化的热点。一方面，由于单项技术如NC加工中心、工业机器人、CAD/CAM、资源管理等高技术的发展，提供了可供集成一个整体系统的技术基础；另一方面，世界市场发生了重大变化，由过去传统、相对稳定的市场，发展为动态多变的市场，为了在市场中求生存、求发展，提高企业对市场需求的应变能力，人们开始探索新的生产方法和经营模式。近年来，FMS作为一种工厂自动化的先进模式已被国际上所公认，FMS作为当今世界制造自动化技术发展的前沿科技，是实现计算机集成制造(CIM)、智能制造(IM)、精益生产(LP)、敏捷制造(AM)等先进制造生产模式的基础，为未来机械制造工厂勾画出一幅宏伟的蓝图，将成为21世纪机械制造业的主要生产模式。

2.FMS的定义及基本组成

(1)FMS的定义

在我国有关标准中，FMS被定义为：由数控加工设备、物流储运装置和计算机控制系统等组成的自动化制造系统。它包括多个柔性制造单元，能根据制造任务或生产环境变化迅速进行调整，适用于中、小批量和多品种生产。

(2)FMS的基本组成

从上述定义可以看出，FMS主要由3部分组成：多工位的数控加工系统、自动化的物流系统和计算机控制的信息系统。

第一，加工系统。加工系统的功能是以任意顺序自动加工各种工件，并能自动地更换工件和刀具。加工系统通常由2台以上的数控机床、加工中心或柔性制造单元以及其他的加工设备所组成。

第二，物流系统。在FMS中，工件、工具流统称为物流，物流系统即物料储运系统，由输送系统、储存系统和操作系统组成，通常包含有传送带、有轨运输车、无轨运输车、搬运机器人、上下料托盘、交换工作台等机构，能对刀具、工件和原材料等物料进行自动装卸和运输、储备。

第三，信息系统。信息系统包括过程控制及过程监视2个系统，能够实现对FMS的运行控制、刀具监控和管理、质量控制，以及FMS的数据管理和网络通信。

3.FMS的主要功能及优点

(1)FMS的主要功能

常见的FMS一般具有以下功能：①作业计划与调度功能。②制造功能，在柔性制造系统中，由数控机床这类设备承担制造任务。③自动输送工件和刀具的功能。④自动监视(对刀具磨损、破损的监测)、自动补偿、自动诊断等功能。⑤自动交换工件和刀具的功能。⑥自动保管毛坯、工件、半成品、工夹具、模具的功能。

柔性制造系统的上述功能是在计算机系统的控制下协调一致地、连续地、有序地实现的。制造系统运行所必需的作业计划以及加工或装配信息，预先存储在计算机系统中。根据作业计划，物流系统从仓库调出相应的毛坯、工夹具，并将它们输送到对应的机床上。在计算机系统的控制下，机床依据已经传送来的程序，执行预定的制造任务。柔性制造系统的"柔性"是计算机系统赋予的，被加工的零件种类变更时，只需变换其"程序"，而不必改动设备。

(2)FMS的优点及效益

从FMS的构成和功能可以看出，FMS具有下列优点和效益：

第一，有很强的柔性制造能力。由于FMS备有较多的刀具、夹具以及数控加工程序，因而能接受各种不同的零件加工任务，柔性很高。FMS的这一"柔性"特点，对新产品开发特别有利。

第二，提高设备利用率，减少设备成本与占地面积。在FMS中，工件是安装在托盘上输送的，并通过托盘快速地在机床上进行定位与夹紧，节省了工件装夹时间。此外，因借助计算机管理而使加工不同零件时的准备时间大为减少，有很多准备工作可在机床加工的同时进行。机床利用率的提高使得每台机床的生产率提高，相应地可以减少设备数量。

第三，减少直接生产工人，提高劳动生产率。FMS除了少数操作（如装卸、维修和调整）由人工控制外，可以说正常工作的完成是由计算机自动控制的。在这一控制水平下，FMS通常实行24h工作制，将所有靠人工完成的操作集中安排在白班进行，晚班除留一人监管之外，系统完全处于无人操作状态下工作，直接生产工人大幅减少，劳动生产率提高。

第四，减少在制品数量，提高对市场的反应能力。由于FMS具有高柔性、高生产率以及准备时间短等特点，能够对市场的变化做出较快的反应，没有必要保持较多的在制品和成品库存量。

第五，产品质量提高。FMS自动化水平高，工件装夹次数和使用机床数量减少，夹具的寿命长，技术工人可把注意力更多地放在机床和零件的调整上，有助于零件加工质量的提高。

第六，FMS可以逐步地实现实施计划。若建一条自动线，FMS可进行分步实施，每一步的实施都能进行产品的生产，因为FMS的各个加工单元都具有相对独立性。

（二）CIMS（计算机集成制造系统）

1.CIM与CIMS的概念

CIM（computer integrated manufacturing，计算机集成制造）是美国的约瑟夫·哈林顿博士于1974年首先提出的。哈林顿提出的CIM概念中有2个基本观点：①企业生产的各个环节，即从市场分析、产品设计、加工制造、经营管理到售后服务的全部生产活动是一个不可分割的整体，要紧密连接，统一考虑。②整个生产过程实质上是一个数据的采集、传递和加工处理的过程，最终形成的产品可以看作是数据的物质表现。

哈林顿当时是根据计算机技术在工业生产中的应用，预见其今后发展的必然趋势而提出CIM概念的，这一概念直到20世纪80年代才被广泛接受。随着制造业的发展，CIM的内涵也不断得以丰富和发展。目前取得的基本共识是，CIM模式将成为工业企业新一代生产组织方式，并成为21世纪的主要生产方式。我国对CIM提出了如下定义：“CIM是一种组织、管理与运行企业生产的新哲理，它借助计算机软硬件，综合运用现代管理技术，以实现产品高质、低耗、上市快，从而使企业赢得市场竞争。”

计算机集成制造系统（CIMS）是基于CIM思想而组成的现代制造系统，是CIM思想的物理体现。我国专家组将它定义为：“CIMS是通过计算机硬件和软件，并综合运用现代管理技术、制造技术、信息技术、自动化技术、系统工程技术，将企业生产全部过程中有关人、技术、经营管理三要素及其信息流与物流有机地集成并优化运行的复杂的大系统。”

2.CIMS的基本组成

CIMS一般由4个功能系统和2个支撑系统组成。

(1)CIMS的4个功能系统

第一,管理信息系统:包括预测、经营决策、各级生产计划、生产技术准备、销售、供应、财务、成本、设备、人力资源等管理信息功能组成的系统。

第二,工程设计自动化系统:通过计算机来辅助产品设计、制造准备以及产品测试,即CAD/CAPP/CAM阶段。

第三,制造自动化系统:由数控机床、加工中心、清洗机、测量机、运输小车、立体仓库、多级分布式控制计算机等设备及相应的支持软件组成,根据产品工程技术信息、车间层加工指令完成对零件毛坯的作业调度及制造。这是CIMS信息流和物流的结合点,是CIMS最终产生经济效益的聚集地。

第四,质量保证系统:包括质量决策、质量检测、产品数据的采集、质量评价、生产加工过程中的质量控制与跟踪等功能。该系统保证从产品设计、产品制造、产品检测到售后服务全过程的质量。

(2)CIMS的2个支撑系统

第一,计算机网络支撑系统:企业外部的广域网、内部的局域网及支持CIMS各子系统的开放型网络通信系统,采用标准协议可以实现异机互联、异构局域网和多种网络的互联。该系统满足不同子系统对网络服务提出的不同需求,支持资源共享、分布处理、分布式数据库和实时控制。

第二,数据库支撑系统:支持CIMS各子系统的数据共享和信息集成,覆盖了企业全部数据信息,在逻辑上是统一的,在物理上是分布式的数据库管理系统。

CIMS的体系结构分为工厂层、车间层、单元层、工作站层和设备层5层结构。每一层又可进一步分解为模块或子层,并由数据驱动。

近些年,并行工程、人工智能及专家系统技术在CIMS中的应用大大推动了CIMS技术的发展,增强了CIMS的柔性和智能性。随着信息技术的发展,在CIMS基础上又提出了各种现代先进制造系统,诸如精益生产、敏捷技术、全球制造等。与此同时,不但将信息引入到制造业,而且将基因工程和生物模拟引入制造技术中,力图建立一种具有更高柔性的开放的制造系统。

四、工业机器人

(一)工业机器人概述

1. 工业机器人的概念

机器人学是一门交叉性科学,涉及机械学、电子学、计算机科学、控制技术、传感器技术、仿生学、人工智能等学科领域。由于科学技术的不断发展,机器人内涵的不断丰富以及人们认知存在的差异,目前还无法对机器人做出一个完全准确的、统一的定义。我国国家标准GB/T 12643—2013将工业机器人定义为“一种能自动定位控制,可重复编程的,多功能的、多自由度的操作机。能搬运材料、零件或操持工具用以完成各种作业。”操作机定义为“一种机器,其机构通常由一系列互相铰接或相对滑动的构件所组成。宏观世界通常有几个自由度,用以抓取或移动物体(工具或工件)。”因此,工业机器人可以理解为:一种模拟人手臂、手腕和手功能的机电一体化装置,它可把任一物体或工具按空间位置的时变要求进行移动,从而完成某一工业生产的作业要求。

2. 工业机器人的基本组成和结构特点

现代工业机器人一般由机械系统、控制系统、驱动系统、智能系统4大部分组成。

1—基座;2—腰部;3—臂部;4—腕部

图5-6 工业机器人的组成

机械系统是工业机器人的执行机构,一般由手部、腕部、臂部、腰部和基座组成。手部又称为末端执行器,是工业机器人对目标直接进行操作的部分,如各种夹持器;腕部是臂部和手部的连接部分,主要功能是改变手部的姿态;臂部用以连接腰部和腕部;腰部是连接臂部和基座的部件,通常可以回转。臂部和腰部的共同作用使得机器人的腕部可以做空间运动;基座是整个机器人的支撑部分,有固定式和移动式2种。

控制系统实现对操作机的控制,一般由控制计算机和伺服控制器组成。前者发出指令协调各关节驱动器之间的运动,后者控制各关节驱动器,使各个杆件按一定的速度、加速度和位置要求进行运动。

驱动系统包括驱动器和传动机构,常和执行机构连成一体,驱动臂部完成指定的运动。常用的驱动器有电动机、液压和气动装置等,目前使用最多的是交流伺服电动机。传动机构常用的有谐波减速器、RV减速器、丝杠、传动链、传动带以及其他各种齿轮轮系。

智能系统是机器人的感受系统,由感知和决策2部分组成。前者主要靠硬件(如各类传感器)实现,后者则主要靠软件(如专家系统)实现。智能系统是目前机器人学中不够完善但发展很快的子系统。

和其他机器相比,工业机器人在结构上有很多独特之处,主要可归纳为以下4点:①工业机器人操作机可以简化成各连杆首尾相接、末端开放的一个开式连杆系,连杆末端一般无法加以支撑,因而操作机的结构刚度差。②在组成操作机的开式连杆系中,每根连杆都具有独立的驱动器,因而属于主动连杆系。不同连杆之间的运动没有依从关系,操作机的运动更为灵活,但控制起来也更复杂。③连杆驱动转矩在运动过程中的变化规律比较复杂,连杆的驱动属于伺服控制型,对机械传动系统的刚度、间隙和运动精度都有较高的要求。④连杆的受力状态、刚度条件和动态性能都随位姿的改变而变化,因此容易发生振动或其他不稳定现象。

3.工业机器人的分类

目前,还没有统一的工业机器人分类标准,根据不同的要求可进行不同的分类。

(1)按结构型式分类

可分为直角坐标型、圆柱坐标型、球坐标型、关节型机器人,如图5-7所示。

(2)按驱动方式分类

可分为电力驱动、液压驱动、气压驱动以及复合式驱动机器人。电力驱动是目前工业机器人中应用最为广泛的一种驱动方式。

(3)按控制类型分类

可分为伺服控制、非伺服控制机器人。其中,伺服控制机器人又可分为点位伺服控制和连续轨迹伺服控制2种。

(4)按自由度数目分类

可分为无冗余度机器人和有冗余度机器人。无冗余度机器人是指具有2个、3个或多个(4~6个)自由度的机器人。有冗余度机器人(或称冗余度机器人)是指独立自由度数目不少于7个的机器人。

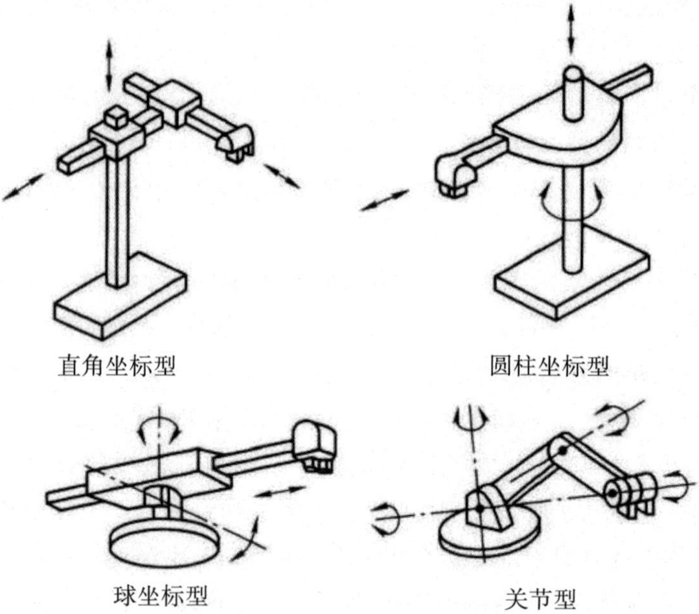

图5-7 机器人的基本结构型式

(5)按用途分类

可分为焊接机器人、搬运机器人、喷涂机器人、装配机器人以及其他专门用途机器人。

此外,还可按基座型式分为固定式和移动式机器人;按操作机运动链型式分为开链式、闭链式和局部闭链式机器人;按应用机能分为顺序型、示教再现型、数值控制型、智能型机器人;按负载大小分为重型、中型、小型、微型机器人等。

(二)工业机器人的应用与拓展

1.工业机器人在现代制造业中的应用

工业机器人最早应用在汽车制造工业,常用于焊接、喷漆、上下料和搬运。工业机器人延伸了人的手足和大脑功能,可代替人从事危险、有害、有毒、低温和高热等恶劣环境中的工作;代替人完成繁重、单调重复的劳动,提高劳动生产率,保证产品质量。工业机器人与数控加工中心、自动搬运小车以及自动检测系统可组成柔性制造系统(FMS)和计算机集成制造系统(CIMS),实现生产自动化。

随着工业机器人技术的发展,其应用已扩展到宇宙探索、深海开发、核科学研究和医疗福利等领域。火星探测器就是一种遥控的太空作业机器人。工业机器人也可用于海底采矿、深海打捞和大陆架开发等。在核科学研究中,机器人常用于核工厂设备的检验和维修。在军事上,工业机器人则可用来排雷和装填炮弹。医疗福利和生活服务领域中,机器人应用更为广泛,如护理、导盲、擦玻璃等。

2. 工业机器人技术的研究热点

目前,国际上都在对机器人加大科研力度,进行机器人共性技术的研究,并朝着智能化和多样化方向发展,主要研究内容集中在以下10个方面:

第一,工业机器人操作机构的优化设计技术:探索新的高强度轻质材料,进一步提高负载/自重比,同时机构向着模块化、可重构方向发展。

第二,机器人控制技术:重点研究开放式、模块化控制系统,人机界面更加友好,语言、图形编程界面正在研制之中。机器人控制器的标准化和网络化以及基于PC的网络式控制器已成为研究热点。编程技术除进一步提高在线编程的可操作性之外,离线编程的实用化将成为研究重点。

第三,多传感系统:为进一步提高机器人的智能性和适应性,多种传感器的使用是其解决问题的关键。其研究热点在于有效可行的多传感器融合算法,特别是在非线性及非平稳、非正态分布的情形下的多传感器融合算法。另一个问题就是传感系统的实用化。

第四,机器人的结构越来越灵巧,控制系统越来越小,二者正朝着一体化方向发展。

第五,机器人遥控及监控技术、半自主和自主技术:多机器人和操作者之间的协调控制,通过网络建立大范围内的机器人遥控系统,在有时延的情况下,建立预先显示进行遥控等功能。

第六,虚拟机器人技术:基于多传感器、多媒体和虚拟现实以及临场感知技术,实现机器人的虚拟遥控操作和人机交互。

第七,多智能体控制技术:这是目前机器人研究的一个崭新领域,主要对多智能体的群体体系结构、相互间的通信与磋商机理、感知与学习方法、建模和规划、群体行为控制等方面进行研究。

第八,微型和微小机器人技术:这是机器人研究的一个新的领域和重点发展方向,该领域研究的进展将会引起机器人技术的一场革命,并且对社会进步和人类活动的各个方面将产生不可估量的影响。微小型机器人技术的研究主要集中在系统结构、运动方式、控制方法、传感技术、通信技术以及行走技术等方面。

第九,软机器人技术:主要用于医疗、护理、休闲和娱乐场合。传统机器人设计未考虑与人紧密共处,因此其结构材料多为金属或硬性材料。软机器人技术要求其结构、控制方式和所用传感系统在机器人意外与环境或人碰撞时是安全的,机器人对人是友好的。

第十,仿人和仿生技术:这是机器人技术发展的最高境界,目前仅在某些方面进行了一些基础研究。

提高机器人的智能化、机动性、可靠性和安全性,以及与人类环境的完美的融入性,所追求的主要目标是"融入人类的生活,和人类一起协同工作,从事一些人类无法从事的工作,以更大的灵活性给人类社会带来更多的价值"。

3.工业机器人技术的发展趋势

工业机器人技术是一门涉及机械学、电子学、计算机科学、控制技术、传感器技术、仿生学、人工智能甚至生命科学等学科领域的交叉性科学,机器人技术的发展依赖于这些相关学科技术的发展和进步。归纳起来,工业机器人技术的发展趋势有以下6个方面:

(1)机器人的智能化

智能化是工业机器人一个重要的发展方向。目前,机器人的智能化研究可以分为2个层次:一是利用模糊控制、神经元网络控制等智能控制策略,利用被控对象对模型依赖性不强的特点来解决机器人的复杂控制问题,或者在此基础上增加轨迹或动作规划等内容,这是智能化的最低层次;二是使机器人具有与人类类似的逻辑推理和问题求解能力,面对非结构性环境能够自主寻求解决方案并加以执行,这是更高层次的智能化。

(2)机器人的多机协调化

在很多大型生产线上,往往要求很多机器人共同完成一个生产过程,因而每个机器人的控制就不单纯是自身的控制问题,需要多机协调动作。此外,随着CAD/CAM/CAPP等技术的发展,更多地把设计、工艺规划、生产制造、零部件储存和配送等有机地结合起来,在柔性制造、计算机集成制造等现代加工制造系统中,机器人已经不再是一个个独立的作业机械,而是成为其中的重要组成部分,这些都要求多个机器人之间、机器人和生产系统之间必须协调作业。

(3)机器人的标准化

机器人的标准化工作是一项十分重要而又艰巨的任务。机器人的标准化有利于制造业的发展,但目前不同厂家的机器人之间很难进行通信和零部件的互换。

机器人的标准化问题不是技术层面的问题，而主要是不同企业之间的认同和利益问题。

(4)机器人的模块化

智能机器人和高级机器人的结构力求简单紧凑，其高性能部件甚至全部机构的设计已向模块化方向发展，其驱动采用交流伺服电动机，向小型和高输出方向发展；其控制装置向小型化和智能化方向发展；其软件编程也在向模块化方向发展。

(5)机器人的微型化

微型机器人是21世纪的尖端技术之一。目前已经开发出手指大小的微型移动机器人，预计将生产出毫米级大小的微型移动机器人和直径为几百微米甚至更小(纳米级)的医疗和军用机器人。微型驱动器、微型传感器等是开发微型机器人的基础和关键技术，它们将对精密机械加工、现代光学仪器、超大规模集成电路、现代生物工程、遗传工程和医学工程等产生重要影响。介于大中型机器人和微型机器人之间的小型机器人也是机器人发展的一个趋势。

(6)机器人的精密化

通过加速机器人功能部件的标准化和模块组合化，将机器人的回转、伸缩、俯仰和摆动等各种功能的机械模块和控制模块、检测模块组合成结构和用途不同的机器人，减轻重量、减少占用的空间，提高运动速度和动作精度；通过开发微动机构，开发多关节、多自由度的手臂和手指，研制新型的行走机构，以适应各种作业需要；通过研制各种传感检测装置，如视觉、触觉、听觉和测距传感器等，以获取有关工作对象和外部环境信息，采用微机控制来完成模式识别，并采用专家系统进行问题求解，达到动作规范、精准的目标。

第三节 智能制造技术

人类从制造简单工具演化到制造由多个零件、部件组成的现代机械，经历了漫长的过程。机械加工虽然从产生到现在已有几百年的历史，经历了带传动机床加工、金属零件传动的机床加工、普通的机电液气机床加工、数控加工、智能加工的不同发展阶段，但它仍是获得精密零件的主要方法。现代机械加工业是一个应用现代化智能技术较为广泛的行业，是在机械技术、材料技术、刀具技术、电子技术、控制论、计算机技术、机器人技术的基础上发展起来的。现代机械加工制造的生产过程是一个利用高科技信息技术手段不断改进和提高自动化生产技术水平的过程。

当前的机械加工制造业广泛采用智能化设备进行加工生产，正是因为智能化的融入才提升了机械加工自动化生产的质量和水平。智能制造自20世纪80年代末被提出后，便成为现代机械加工行业最明显的技术标志之一，它将引领未来新兴产品的研发、制造并普遍应用于人们的生产、生活中。智能制造是将智能制造技术贯穿于产品的设计、生产、管理和服务的制造活动全过程，不仅包括智能制造装备，还包括智能制造服务。随着社会的不断发展，智能制造技术已成为世界制造业发展的必然趋势。

新一轮的科技革命和产业变革正在兴起，高度发展的信息技术、互联网技术与制造业的深度融合，促使制造技术呈现出数字化、智能化和网络化的特点。发达国家以数字化、智能化和网络化为主要特征的第三次工业革命早已开始。这些新情况、新趋势要求我们务必面对现实，以新的视角来观察和研究制造技术。

根据形势，我国智能制造发展的战略与对策如下：

战略思路：按照"市场主导、创新突破、引领产业"的发展思路，前瞻布局核心智能制造技术、着力提升智能部件产业化、重点突破智能制造装备集成及工业软件创新，全面普及制造过程数控化、智能化与管理信息化。

发展目标：基于我国现有的产业基础及技术水平，智能制造的发展可分两步走：①制造业基本普及数控化，实现重点领域智能制造装备尤其是高端数控机床及工业机器人的产业化与应用；②制造业全面实现数字化，在制造业重点领域推进智能制造模式的转变，形成与世界工业发达国家在高端制造领域全面抗衡的能力。

发展重点：①开发关键智能基础共性技术。围绕感知、决策和执行等智能功能的实现，针对测控装置、部件和重大智能制造成套装备的开发和应用，突破新型传感原理和工艺、高精度运动控制、高可靠智能控制、工业通信网络安全、健康维护诊断等一批共性、基础关键智能技术，为实现制造装备和制造过程的智能化提供技术支撑。②研制核心智能测控装置与部件。围绕重大智能制造成套装备研发以及智能制造技术的推广应用，开发机器人、感知系统、智能仪表等典型的智能测控装置和部件并实现产业化。在充分利用现有技术和产品的基础上，进一步实现智能化、网络化，形成对智能制造装备产业发展的有力支撑。③研制和应用重大智能制造成套装备。突出制造业所需装备，针对石油化工、冶金、建材、机械加工、食品加工、纺织、造纸印刷等制造业生产过程数字化、柔性化、智能化的需要，发挥产、学、研、用相结合的创新机制，依托有明确需求的用户，组织产、学、研、用共同参与的创新团队，推动软硬件在数控/工业控制装备中的应用与推广，通过集成创新，开发一批标志性的重大智能制造成套装备，保障产业转型升级，并结合国家重大工程建设，推进示范应用，加快产业化。④选择重点示范领域推广应用。根据我国智能制造技术和智能测控装置的发展水平，立足制造业，目前重点选择在电力、节能环保、农业、资源开采、国防军工等国民经济重点领域推广应用，分步骤、分层次开展应用示范，形成通用性、标准化、知识产权的应用平台，加快推进产业、技术与应用协同发展。

一、智能加工

（一）智能加工的概念

1.智能加工问题的提出

在数控加工的过程中，并非一直处于理想状态，而是伴随着材料的切除而出现多种复杂的物理现象（如爬行、振动、变形等）。加工过程中出现的问题是：利用零件模型生成正确的加工程序，并不一定就能加工出合格的优质零件。正是由于上述各种复杂的物理现象及加工过程中出现的问题，导致加工精度不能满足要求。在产品的生产制造过程中，一旦工艺设计不合理，就会导致零件的加工质量差，机床的加工能力得不到发挥，特别是制造系统的很多物理及力学特性（如惯性、间隙等）没有受到重视，出现一些难以控制的结果，如加工出的零件误差大，其原因是把工艺系统简化为线性系统，忽略了工艺系统的实际工况，其原因是机床零部件间的间隙、摩擦、阻尼迟滞等非线性因素使工艺系统处于混沌状态，从而影响了工艺系统的灵敏性和稳定性，最终出现无法控制的加工误差。为了解决这些问题，要从系统和控制这 2 个角度来分析，对加工过程的状况及时感知和预测，从而对加工过程进行随时评估和调整。

2.智能加工的内涵

智能加工是将制造技术与数字技术、智能技术、网络技术集成应用于设计、生产、管理和服务的全生命周期，在制造过程中进行感知、分析、推理、决策与控制，实现产品需求的动态响应、新产品的迅速开发以及对生产和供应链网络实时优化的制造活动的总称，可分为智能设计、智能生产加工、智能管理、智能制造服务 4 个关键环节。

从表面上看，智能加工是一种自动化、复合化的加工，实际上是借助先进的机床、刀具、夹具及检测、控制手段，实现对加工过程的主动感知和实时判断，用最优的工艺方法和手段获得最优的加工性能和加工质量。简单地说，智能加工是以数字信息为传递介质，以主动在线感知为手段，以先进的自适应控制为大脑神经的加工方法。

3.智能加工的特点

智能加工具有以下特点:①自动化、复合化;②主动检测感知、自学习和自维护;③主动调整参数(几何参数、切削参数、物理参数)和主动调整机床、刀具、夹具,以得到最优的输出,即自适应控制;④高灵敏性、高响应速度、强抗扰性、高柔性。

以往以及现有的加工都是基于拉普拉斯(Laplace)提出的确定性理论,即如果对一个确定性动力系统施加确定性的输入,该系统的输出必然具有确定性。但是,在现实生产制造过程中,即使输入最优的参数,利用最好的机床、刀具、夹具,有时还是会得到超出设定的结果,这就是机械专家不断研究加工与制造的原因。智能加工就是为了解决机械制造中的加工精度和成本问题而发展起来的新兴加工技术。正是机床、工艺装备、电子信息、检测、机器人、控制等技术的不断发展,为智能加工的发展奠定了基础。

4.智能加工技术的基础

(1)智能加工正引领新一轮的制造业革命

先进制造技术的加速融合,使得机械制造业的设计、生产、管理、服务各个环节日趋智能化。智能加工正引领新一轮的制造业革命,主要体现在4个方面:①建模与仿真使产品设计日趋智能化;②以工业机器人为代表的智能制造装备在生产过程中的应用日趋广泛;③全球供应链管理创新加速;④智能服务业模式加速形成。

(2)智能加工的关键技术

智能加工的关键技术体现在以下11个方面:①智能加工的自动化、复合化;②数控系统的智能化;③智能加工的CAD/CAM;④智能加工的主动感知与判断;⑤智能加工的自适应控制;⑥智能加工的FMC/FMS;⑦智能加工的高速加工;⑧智能加工的工艺规划;⑨3D打印技术;⑩智能加工的刀具;⑪智能加工的新方法。

(二)智能加工关键技术概要

1.智能加工的自动化、复合化

(1)自动化生产

自动化生产是人类生产活动中的一种先进、完善的高级生产形式,是科学技术不断进步和生产高度发展的产物,也是人类向往和期待的一种理想生产形式。自动化生产时,各种高生产率的机械设备代替了人类繁重的体力劳动,各种自动控制装置、计算机代替了人的操纵管理和部分脑力劳动,整个生产过程可以在无人参与的情况下,自动按最佳状态连续进行。自动化生产经历了机床的变革、刀具的变革、电气控制和传感技术的变革。

近15年来,自动化助力制造业不断创新,从简单的机械加工到集机电一体化的复合制造,从单一生产到多级连续制造,工业自动化功不可没。伴随着中国制造业蓬勃发展的15年,自动化也在朝着集提高效率、质量控制、流程控制、远程服务、节能环保等功能于一身的“新”方向发展。自动化创新可以用集成、通信、安全、节能等几个词来概括。

(2)复合加工

复合加工是指在柔性自动化的数控加工条件下,当工件在机床上一次装夹后,能自动进行同一类工艺方法的多工序加工,或者不同类工艺方法的多工序加工,从而能在一台机床上顺序地完成工件的全部或大部分加工工序。复合加工机床一般具有4个特征:①设置较少,有时甚至是一次性的;②复杂工件能在同一台机床上加工,无须多台机床;③减少工件的装夹次数;④加工现场机床设备数量减少,不需要在设备上投入很多。

复合加工机床的功能是从以下2个方面实现的:①设计的机床能进行一道以上的加工工序,现在,有些机床能提供铣削、钻削、攻螺纹、车削、磨削、焊接和调平等多种功能;②通过加速工件装夹速度来使机床提高生产率,这主要是通过在单台机床或单元内增加机器人或工件夹持机构来实现的。

2.数控加工以及数控系统的智能化

在现代制造系统中,数控技术是关键技术,它集微电子计算机、信息处理、自动检测、自动控制等高新技术于一体,具有高精度、高效率、柔性自动化等特点,对制造业实现柔性自动化、集成化、智能化起着举足轻重的作用。目前,数控技术正在发生根本性变革,由专用型封闭式开环控制模式向通用型开放式实时动态全闭环控制模式发展。在集成化的基础上,数控系统实现了超薄化、超小型化;在智能化的基础上,综合了计算机、多媒体、模糊控制、神经网络等多学科技术,数控系统实现了高速、高精、高效控制,加工过程中可以自动修正、调节与补偿各项参数,实现了在线诊断和智能化故障处理;在网络化的基础上,CAD/CAM与数控系统集成为一体,机床联网实现了中央集中控制的群控加工。

(1)数控加工

相对于普通加工,数控加工的加工过程是自动化的,数控加工将零件的几何信息、工艺信息用规定的代码编成程序,用程序来控制加工过程,但很多数控机床辅助过程(装料、夹紧、卸料、换刀、测量)还是手动完成。数控加工的工序比较单一(如数控车、数控铣、数控磨等),而智能加工是在数控加工的基础上发展起来的,运用机械手或机器人使所有过程都是自动化的,并在一台或几台数控机床上连续完成几道工序的全自动化加工。

(2)数控系统的智能化

数控机床数控系统的智能化包含2个方面的含义:①数控系统操作维护时的方便直观性,即智能数控系统可以把晦涩的数控指令变成可视化的图形,使不懂编程的人通过直观的图形指引来编程;②智能数控系统的适应性,即它具有一定的思维能力,能应对环境和条件的变化做出预警和调整。

传统的数控系统是根据程序指令控制机床的运动来完成零件加工的,所有的动作和加工轨迹都事先通过程序输入到数控系统中,不管加工条件和环境如何变化,数控系统都严格地执行事先下达的命令,是一个被动的执行者。在复杂的环境以及多变条件下,加工过程中的加工参数无法在现场环境下根据外部干扰和随机因素实时动态调整,更无法通过反馈控制环节随机修正CAD/CAM中的设定量,因而影响CNC的工作效率和产品的加工质量。因此,对数控技术实行变革势在必行。

智能化数控机床要解决的问题是如何使数控机床根据当前的加工条件和环境,通过自主判断和决策以适应外界的变化,从而保证加工任务顺利完成。智能化数控机床能对自身和外部环境进行感知,可自行分析各种与机床、加工状态和环境有关的信息,并自行采取应对措施来保证加工过程的最优化。换句话说,机床已经进化到可根据命令进行自主思考,进而适应柔性和高效生产的要求。数控机床的智能化可分为操作智能化、加工智能化、维护智能化、管理智能化4个层次。

智能化的主要发展趋势如下:①自动识别加工特征、带有工艺规划的编程系统;②自动防止刀具和工件干涉碰撞,智能刀具监控技术可自主发现刀具存在的问题,并实施相应的应对策略;③监测机床振动情况,进行机床振动等级评价,借助相应的抑振算法或智能主轴转速调整自动抑制振动,以提高加工的平稳性延长刀具寿命;④自动位置检测和补偿功能,自动补偿主轴、立柱、床身等热变形的影响;⑤自动补充润滑油和抑制噪声;⑥机床故障诊断及维护等。因此,智能化数控系统的配置将根据不同的目标和应用场合进行选择和组合,有针对性、有选择地集成智能化技术,构筑由简单到高级的智能化产品体系。

(3)智能加工的CAD/CAM技术

CAM的发展是一个不断吸收和利用CAD及周边相关技术成果而不断发展的过程,它的基本处理方式及编程的目标对象对系统的结构、智能化水平等起着决定性的作用。CAM系统在APT语言时代,编程的目标对象为直接计算走刀轨迹。在曲面加工时代,CAM系统采用面向局部曲面的编程方式,系统可根据零件表面形状自动计算加工点位,在很大程度上提高了编程的自动化程度。新一代的CAM系统将采用以实体模型为载体,面向工艺数据、实体特征的基本处理方式,自动加载加工信息,使系统的智能化程度大大提高。

智能加工的CAD/CAM原理:智能加工的CAD/CAM就是转换数字信息,将建模知识与编程加工充分地融为一体。由于CAD具有强大的建模、分析功能,从而使设计者的设计工作更加数字化、立体化、真实化、正确化,CAD软件功能越强大,几何模型转化为产品数据模型越方便及智能化。特别是,CAM软件的仿真功能能随时在线虚拟加工,从而检查自动生成的程序的正确性。

CAD/CAM集成——共享和传输:从信息的角度看,CAD/CAM集成就是CAD、CAPP和CAM各系统之间的数据提取、交换和处理的信息共享。从硬件设备的角度看,CAD/CAM集成既包括内部集成,为使系统成为真正的开放式系统,并易于扩充,各个组成部分之间的接口必须一致;又包括外部集成,为使一个系统能嵌入另一个系统而作为其组成部分,前者的外部接口必须和后者的内部接口一致。CAD/CAM的应用不仅把数控编程人员从烦琐的手工编程工作中解放了出来,而且对机床数控系统软件的轮廓插补功能、刀具补偿功能以及其他数控加工功能产生了重要影响。CAD/CAM一体化技术对机床数控系统的影响主要表现在:使用CAD/CAM一体化技术可以大幅度简化机床数控系统软件,有利于数控系统的更新换代和新系统的开发研制;CAD/CAM软件生成的数控加工程序所用的G代码种类较少,编程难度小,效率高、可靠,有利于数控加工技术的推广应用。

(4)基于实体特征的智能化加工

在编程过程中,希望能将实体模型中所有对加工有用的信息,包括几何信息、工艺信息、零件材料信息等都提取出来,让CAM系统加以利用,将编程人员从这些烦琐的数据中解放出来。要实现智能化的编程操作,前提是系统能够自动识别实体模型中的相关加工信息,并将其加载到系统中。同时,系统必须根据识别的加工信息,帮助编程人员完成加工方法的选择、参数设置、刀具的选择、专家数据库的调用、切削用量的设定等操作,在编程人员少量人工干预的情况下,自动完成加工对象的编程操作。

首先查找实体模型加工特征,将零件模型中需要的加工特征提取出来,系统自动找到模型的几何参数信息、工艺信息,将其作为后面编程操作的依据。由于加工特征中包含了完整的加工信息,因此系统可根据这些加工信息自动筛选并判断合适的加工方法。接着充分利用实体模型所能承载的几何信息、材料信息、工艺信息,自动判断并调用所需的参数,以实现更精确、智能的走刀控制,进行实体加工。系统有效地利用实体模型携带的加工信息,并通过系统自动识别加工特征、自动筛选加工方法、自动设置加工参数,实现无人工干预的全自动的编程操作。

(5)智能加工的FMC/FMS

FMC/FMS是智能加工的重要表现形式,传统的自动化生产技术可以显著提高生产率,然而其局限性也显而易见,即无法很好地适应中小批量生产的要求。随着制造技术的发展,特别是自动控制技术、数控加工技术、工业机器人技术等的迅猛发展,柔性制造技术(flexible manufacturing technology,FMT)应运而生。所谓"柔性",是指制造系统(企业)对系统内部及外部环境的一种适应能力,也指制造系统能够适应产品变化的能力。柔性可分为瞬时柔性、短期柔性和长期柔性。瞬时柔性是指设备出现故障后,自动排除故障或将零件转移到另一台设备上继续进行加工的能力。短期柔性是指系统在短时期内适应加工对象变化的能力,包括在任意时期进行混合加工2种以上零件的能力。长期柔性是指系统在长期使用中,能够加工各种不同零件的能力。凡具备上述3种柔性特征之一的、具有物料或信息流的自动化制造系统都可以称为柔性制造系统。柔性制造技术是计算机技术在生产过程及其装备上的应用,是将微电子技术、智能技术与传统制造技术融合在一起,具有自动化、柔性化、高效率的特点,是目前自动化制造系统的基本单元技术。

3.智能加工的主动感知与判断以及自适应控制

(1)智能加工的主动感知与判断

数控机床是现代高科技发展的产物,每当一批零件开始加工时,有大量的检测工作需要完成,包括夹具和零件的装夹、找正,零件编程原点的测定,首件零件的检测,工序间检测及加工完毕检测等。目前,完成这些检测工作的主要手段有手工检测、离线检测和在线检测。在线检测也称为实时检测,是在加工的过程中对刀具或工件进行实时检测,并依据检测的结果做出相应的处理。在线检测分为机床检测、工件检测2种形式,它们都是主动测量,根据测量结果自动修改加工程序或指令,改善加工精度。

智能加工的主动感知与判断主要依靠传感器技术的应用。一般认为,传感器是将一种物理量经过电路转换成另外一种直观的可表达的物理量的描述。传感器是一种检测装置,能感受被测量的信息,并能将其按一定规律变换成电信号或其他所需形式的信息输出,以满足信息的传输、处理、存储、显示、记录和控制等要求。它是实现自动检测和自动控制的首要环节,现代科技不断进步,但凡是智能的东西,里面都少不了传感器的存在。在智能加工的机床和机器人(机械手)中都安装了很多传感器,它们相当于智能加工的眼睛和耳朵,是智能加工主动感知的器官。因此,传感器的分辨力、灵敏度、抗干扰能力决定着智能加工的及时性和反馈性,并影响智能加工的控制信息采集。在智能加工中用传感器检测和控制机床位置和速度,检测机器人的机械手压力。因此,传感器在数控机床、机器人中占据着十分重要的地位。

(2)智能加工的自适应控制

在现代先进制造系统中,需要依赖那些不够完备和不够精确的数据来解决难以或无法预测的情况,人工智能技术为解决这一难题提供了有效的解决方案,智能控制随之也被广泛地应用于机械制造行业。它利用模糊数学、神经网络的方法对制造过程进行动态环境建模,利用传感器融合技术进行信息的预处理和综合;采用专家系统的"Then-If"逆向推理作为反馈机构,修改控制机构或者选择较好的控制模式和参数;利用模糊集合和模糊关系的鲁棒性,将模糊信息集成到闭环控制的外环决策选取机构来选择控制动作;利用神经网络的学习功能和并行处理信息的能力,进行在线的模式识别,处理那些残缺不全的信息,来达到自适应控制。

自适应是指系统按照环境的变化调整其自身,使得其行为在新的或者已经改变了的环境下,达到最好或者至少是容许的特性和功能,这种对环境变化具有适应能力的控制系统称为自适应控制系统。由于自适应控制的对象是那些存在不定性的系统,所以这种控制应首先能在控制系统的运行过程中通过不断地测量系统的输入、状态、输出或性能参数,逐渐了解和掌握对象,然后根据所得到的过程信息,按一定的设计方法,做出控制决策去更新控制器的结构、参数或控制作用。自适应神经元控制显著的特点是:不需要知道受控对象(伺服电动机)的结构和参数,即控制器的设计无须进行系统建模。这种单神经元结构和学习算法,具有自学习、自组织、自适应能力,适合解决非线性和时变参数控制对象的问题。

现在,大多数数控机床在加工过程中都维持一个固定不变的进给速率,这个进给量是由加工程序预先设定好的。为了保证生产的安全,编程人员必须按照负荷最大的工况设定这个进给速率,但实际上这种工况或许只占整个工序的5%。那么如何提高数控机床的加工效率,优化刀具进给量,同时又能自动保护机床的主轴系统和昂贵的刀具不受损坏,已经成为终端用户和机床制造厂家十分关注的问题。为了解决这个问题,研究人员便将自适应控制技术应用在数控机床上,研发了数控机床自适应系统,对数控加工过程进行实时监控,并将所有在切削过程中的性能数据(主轴切削负载、进给率变化、刀具磨损量、加工工件数、切削时间等)统计起来,实时生成加工情况报表,并输出图形、数据至Windows用户界面,形成完整的机床档案,供管理人员进行评估、分析,从而辅助生产管理,大幅提高加工效率,保护刀具、机床、工件不受损坏,实时监控、记录切削加工状况。这些数据还可以存储在硬盘中供以后查阅存档。

4. 虚拟制造技术

(1)虚拟制造技术的概念

虚拟制造(virtual manufacturing,VM)是国际上近年来提出的一项新型制造技术,目前还没有一个统一的定义。但综合地讲,虚拟制造技术就是利用仿真与虚拟现实技术,在高性能计算机及高速网络的支持下,采用群组协同工作,通过模型来模拟和预测产品功能、性能及可加工性等各方面可能存在的问题,实现产品制造的本质过程,包括产品的设计、工艺规划、加工制造、性能分析、质量检测等,并进行过程管理和控制。在计算机上设计、生产的产品是可视化的"数字产品",并不需要实际的材料、机床和能量,易于分析、校验和修改。只有在一切模拟和检验都通过后,才能采用最佳的工艺和工厂管理方案,真正进行实际产品的生产。

(2)虚拟制造技术的应用

当今全球制造业企业之间的竞争越来越激烈。企业要想赢得竞争,就要以市场和用户为中心,快速地响应市场的需求以及满足用户的需要。就是要以最短的产品开发时间(time)、最优的产品质量(quality)、最低的成本(cost)和价格、最佳的服务(service),也就是所谓的"TQCS"去赢得用户和市场。这样,在智能加工的要求下,迫切需要虚拟制造技术。

应当指出的是,虚拟制造技术是一种软件技术,它填补了CAD、CAM和生产过程管理之间的技术鸿沟,以在计算机上制造数字化的产品为目的,而不直接制造真实的产品。真正的产品归根到底,还是需要在车间内,由工人用机床一步一步地制造出来。然而,虚拟制造技术能够保证更加多快好省地把实际产品制造出来,使企业具有较强的市场竞争力,所以一些工业发达国家正不断地建立虚拟制造企业。虚拟制造企业是一个快速响应市场的、充分利用现有资源的、没有围墙的、超越空间约束的、靠计算机网络联系的,但是统一指挥的、互惠互利的、实实在在的经济实体。近年来,在工业发达国家,从虚拟技术到虚拟企业,不断地发展,并不断地体现出它的生命力。

目前,虚拟制造技术在以下10个方面应用的效果比较明显,即产品的外形设计、产品的布局设计、产品的运动和动力学仿真、热加工工艺模拟、加工过程仿真、产品装配仿真、虚拟样机与产品工作性能评测、产品的广告与推广、企业生产过程仿真与优化、虚拟研究开发中心与虚拟企业。其中产品的外形设计是一个极为重要的方面,采用虚拟现实技术的外形设计,可随时进行修改、评测,方案确定后的建模数据可直接用于产品设计、仿真和加工,甚至用于广告和宣传。

(3)虚拟制造技术的分类

虚拟制造要求对整个制造过程进行统一建模,一个广义的制造过程不仅包括设计和制造,还包含对企业生产活动的组织与控制。按照与生产各个阶段的关系,目前一般把虚拟制造划分为3类,即以设计为中心的虚拟制造(design-centered VM)、以生产为中心的虚拟制造(production-centered VM)和以控制为中心的虚拟制造(control-centered VM)。3种虚拟制造的侧重点各有不同,分别着眼于产品全生命周期中的不同方面,但它们都以计算机仿真技术作为一个重要的实现手段,通过仿真支持设计过程,模拟制造过程,进行成本估算和计划调度。

(4)虚拟制造的关键技术

虚拟制造的实现主要依赖于CAD/CAE/CAM和虚拟现实等技术,可以看作是CAD/CAE/CAM发展的更高阶段。虚拟制造不仅要考虑产品,还要考虑生产过程;不仅要建立产品模型,还要建立产品生产环境模型;不仅要对产品性能进行仿真,还要对产品加工、装配和生产过程进行仿真。因此,虚拟制造涉及的技术领域极其广泛,但一般可以归结为2个方面:一方面是侧重于计算机以及虚拟现实的技术,另一方面则是侧重于制造应用的技术。前者属于共性技术,后者则是专门面向制造业的应用技术,主要包括制造系统建模、虚拟产品开发、虚拟产品制造以及可制造性评价等。

(5)虚拟加工技术

虚拟加工技术是指利用计算机技术,以可视化的、逼真的形式来直观表示零件数控加工过程,对干涉、碰撞、切削力变化、工件变形等进行预测和分析,减少或消除因刀位数据错误而导致的机床损坏、夹具或刀具折断以及因切削力和切削变形造成的零件报废,从而进一步优化切削用量,提高加工质量和加工效率。虚拟加工是实际加工在计算机上的本质实现,它是虚拟制造技术的重要组成部分。虚拟加工技术主要包括虚拟环境的建立和加工过程仿真等关键技术。机床的数控加工本身是一个极其复杂的过程,涉及的因素很多。计算机虚拟加工技术的研究要应用微分几何、计算机图形学、虚拟现实技术、仿真技术、金属切削理论及机床运动学和动力学等多个相关学科的知识和最新技术。

5.智能加工的高速加工及刀具

(1)智能加工的高速加工

实现智能化加工以后,工艺的可靠性提高,加工性能进一步优化,而且在无人操作的情况下,工作可靠,带动了高速加工的发展。高速加工的实践者们逐渐认识到,在加工过程中遵循相关物理定律具有十分重要的意义。例如,离心力、不平衡、振动、热膨胀等因素都会影响工艺而妨碍可靠的无人化操作的开展。需要注意的是,高速加工不是简单地以是否使用高速机床,或是所使用机床主轴的转速来衡量。高速切削的本质是,不同工件材料切削加工时的线速度进入高速切削的速度区间,从而获得优于常规切削速度下的加工质量和效率。

高速化是数控机床发展的一个重要趋势,国内外的数控机床制造企业都致力于研制和生产各类高速机床;同时,高速切削刀具技术是实现高速加工的关键,它不是单一的刀具问题,而是涉及刀具、刀柄及主轴接口、冷却润滑、安全防护等诸多方面的系统问题。一方面,提高切削速度的关键制约因素之一是刀具是否能承受高的切削温度,因此,刀具材料及表面涂层和刀具结构参数等成为高速切削成功应用的重要技术。刀具材料必须具有高硬度、耐磨损、高韧性、耐高温等性能,从而满足高速切削时刀具/工件接触区高温、高压以及高频冲击等对刀具的要求。另一方面,主轴高速旋转时会产生大的离心力以及偏心质量,从而产生附加的径向载荷,这是高速加工的主轴刀具系统区别于中低速加工的新的重要特点。因此,要求刀具与主轴必须实现高可靠性的连接,并通过动平衡测试和调整保证刀具系统达到标准规定的允许不平衡量。以HSK、KM、CAPTO等为代表的一类刀柄,采用空心短锥和端面同时定位,并配用热缩、弹簧或液压夹头,保证了高速加工时的刀具与主轴的可靠连接,使高速切削加工技术从理论研究进入工业应用阶段。

高速切削工艺技术也是成功应用高速加工的关键技术,其核心就是在高速加工过程中尽量保持恒定的切削负载、高的切削线速度和高的进给速度,从而实现高的材料去除速率和加工精度,主要涉及切削方法及走刀策略、切削参数优化技术等。高速加工过程切削参数优化是使高速机床真正实现高速切削的支持技术。

生产中许多异形零件(①椭圆类,如活塞、活塞环等;②凸轮类,如凸轮轴、曲轴等;③棱形体类)的数控加工都是采用高速随动加工。这些零件在圆周各点的直径是不同的,如果零件做等速转动,则零件在圆周各点的线速度都不相同。在保持切削深度ap不变的条件下,各点的切削力是变化的,这将对工件的加工精度、表面粗糙度与波纹度等加工表面质量产生一定的影响,进而影响工件的轮廓度。为了保证非圆工件表面质量,必须使工件轮廓上各切削点的线速度是恒线速度。为了实现恒线速度,零件的旋转轴要采用闭环伺服控制(即C轴控制),即零件的旋转采用角加速度的控制(变速转动)。同时,对进给伺服系统提出了更高的要求,即要求伺服系统不但具备优良的静态特性(如停止时的定位精度、稳定度),更重要的是伺服刚性好、响应快、运动稳定性好、分辨力高,也就是通常说的随动性好。

(2)智能加工的刀具

切削技术和刀具是装备制造业的基础工艺和关键技术，不仅决定零件加工效率的高低和加工质量的好坏，而且对降低加工成本起着举足轻重的作用。研究开发"智能刀具"及多功能刀具是提高切削加工效率和精度的有效方法之一。智能刀具通过与机床控制器的无线耦合，实现了加工尺寸误差的调整及对刀具寿命的识别，并可实时采集切削过程的信息，经数控系统处理后使机床始终保持在最佳状态。

"智能刀具"是将各种传感器置于刀体内，将驱动、返回、微型计算装置、非接触式能量和数据传输装置集成在一起，实现刀具的微米级调整，并可由机床控制器的M指令加以控制。德国Mapal公司和Heller机床公司首先将该技术用在对发动机气缸体的缸孔的镗削加工上，该智能刀具具有3组Mapal六边形CBN刀片，刀具呈轴向和径向交错排列，最高切削速度可达10000r/min。其中，2组刀片用于半精加工，第3组刀片能自动调节，用于完成精加工工序。当主轴转速增加时，在离心力作用下，机构会将刀片位置调节一个预定的数值，并由内置式气动量规测量已加工的孔径，将测量结果传给机床控制系统，自动调整刀具尺寸。

带有测量功能并可自调的切削部件及可适应控制的智能自学的数控机床，装有传感器和执行元件的智能化刀具，将是未来智能加工的发展方向。

6.智能加工的工艺规划

不管是什么零件，也不管采用何种生产方式，都面临一个问题：如何在保证质量及精度的前提下，低成本、高效率地加工出零件。即使是同一个零件，由于生产方式(生产类型、毛坯类型、机床、刀具、夹具、量具等)不同，零件的工艺规划也不一样，所以工艺是零件加工的决定因素。如果采取智能加工的生产方式，那么零件的工艺规划与普通机床加工和普通数控加工的工艺规划有所区别，具体表现在以下5个方面：

(1)工艺过程发生改变

采取智能加工的生产方式，由于它是一种复合化及自动化的加工，零件的整个工艺过程缩短了，工序数目减少了，机床数量、占地空间及操作人员都减少了。

(2)工艺规划的形式发生改变

采取智能加工的生产方式，充分运用CAM和信息数据的通信功能，可以用计算机和CAM软件来进行工艺规划并与机床联机操作。

(3)工序设计发生改变

第一，工序内容发生改变。由于采取智能加工的生产方式，零件的加工往往采取工序集中的方法，提高了零件的加工精度（特别是几何精度），工序的工步多了，使用的刀具也多了。

第二，采用计算机和CAM软件能非常方便地进行加工阶段、切削参数的选取及走刀方式的规划，并通过仿真检验，对切削参数、走刀方式、走刀轨迹进行优化。

第三，在智能加工中，由于多数情况下要使用上、下料机器人，夹具要求是自动动作的，这样才能适应柔性制造单元各部分的动作节拍和动作程序要求。

第四，在智能加工中，大多采用在线自动量具。

第五，在智能加工中，新的加工方法（如铣螺纹、铣螺纹退刀槽、铣孔等）的出现，改变了工件工序的加工方式。

(4)成组技术

在智能加工中，尽可能采用成组技术，这样可充分利用数控系统和CAD/CAM软件的功能。成组技术被公认为是解决多品种、小批量生产的有效途径。成组技术在制造工艺中主要用于编制成组工艺规程，设计成组工艺装备，建立柔性制造系统，并且有利于实现计算机辅助工艺、工装设计等。

(5)工艺规划的方向

在将来的智能加工中，"基于特征的数控技术加工工艺的决策支持"是工艺规划的方向。特征应是零件的几何特征和加工特征的结合体，但它又是某种特定功能的反映。将特征分为以下5类广义特征：①形状特征。形状特征用于描述具有一定工程意义的功能几何形状。②精度特征。精度特征用于描述与产品的几何许可变动量相关的信息，如表面粗糙度、几何公差及其基准面、尺寸公差等。③技术特征。技术特征用于描述零件的性能、作用等相关的信息。④材料特征。材料特征用于描述零件材料的类型等。⑤管理特征。管理特征用于描述零件的管理信息，如零件名称、批量等。

零件信息建立在上述5类特征上，从而把特征作为零件数控技术加工工艺设计的基本单元。这样将多个特征组织在一起就可以形成完整的零件特征，不但可以完成零件设计者的意图，也可以为以后的数控技术加工工艺设计的辅助化工作提供基础数据。

7.智能加工的新方法

(1)智能加工的新方法

随着机械工业的发展和科学技术的进步，机械制造工艺的内涵和外延不断发生变化，常规工艺不断优化并普及，原来十分严格的工艺界限和分工将逐步趋于淡化，在功能上趋于交叉，各种先进加工方法不断出现和发展。特别是智能加工的出现及其发展，导致了新的加工方法、新的加工设备、新的刀具出现，将改变甚至颠覆现有的加工方式。

最具代表性的是以铣代车代镗工艺的出现。以往，外圆或槽孔的加工一般是车和磨，现在由于有了全自动的双主轴双刀架的车铣中心，零件径向分布的圆柱外圆可铣，并可铣螺纹、铣槽、倒角等。当然，为了配合铣外圆、铣螺纹、铣槽出现了新的铣刀，并且在一台双主轴双刀架的车铣中心上可插键槽、滚齿、铣孔等，颠覆了常规工艺里孔只能车、钻和镗，滚齿只能在滚齿机上加工，插键槽只能在插床上加工等的约束，使工艺更加复合化，加工更加自动化。

另外，机器人出现在切削加工领域，也是智能加工发展的结果。现在在切削加工领域的机器人主要完成打磨去毛刺、钻孔、抛光等工序。切削加工机器人最大的问题是刚度和精度，这限制了其应用。影响机器人运动精度的因素主要是关节和悬臂的变形、关节的运动误差和传动误差。

在克服机器人刚度和精度问题的前提下，机器人在铣削、磨削等领域的应用将更加广泛。

(2)智能加工的发展趋势

第一，机床复合技术进一步扩展。随着数控机床技术的进步，复合加工技术日趋成熟，包括铣—车复合、车—磨复合、车—镗—钻—齿轮加工复合等，车—磨复合加工、成形复合加工、特种复合加工等，复合加工的精度和效率大大提高。“一台机床就是一个加工厂”“一次装夹，完全加工”等理念正在被更多人接受，复合加工机床发展正呈现多样化的态势。

第二，智能化技术有新突破。数控机床的智能化技术有新的突破，在数控系统的性能上得到了较好体现。如自动调整干涉防碰撞功能、断电后工件自动退出安全区断电保护功能、加工零件检测和自动补偿学习功能、高精度加工零件智能化参数选用功能、加工过程自动消除机床振动功能等进入了实用化阶段，智能化提升了机床的功能和品质。

第三，机器人使柔性化组合效率更高。机器人与主机的柔性化组合得到广泛应用，使柔性线更加灵活，功能进一步扩展，柔性自动线进一步缩短、效率更高。机器人与加工中心、车铣复合机床、磨床、齿轮加工机床、工具磨床、电加工机床、锯床、压力机、激光加工机床、水切割机床等组成多种形式的柔性单元和柔性生产线，并已经开始应用。在机器功能越来越复杂时，编程和操作人员的水平千差万别，机床供应商和使用单位如何让不同水平的用户的加工实现最佳的效果呢？那就需要把人的高技能与计算机和信息技术有效地结合起来，以机器替代并完成需要高素质人员完成的、自动的加工。智能化是机械加工发展的必由之路。

二、智能检测

智能检测是伴随着自动化技术、计算机技术、检测技术和智能技术的深入发展而产生和形成的新研究领域。智能检测是将传统学科和新技术进行综合集成和应用的一门学科,体现了多学科的交叉、融合和拓展,其应用范围遍布国民经济的诸多方面。智能检测与智能仪表是未来检测技术的主要发展方向。

(一)工业过程检测

1. 工业过程检测的概念

工业过程检测是指在生产过程中,为及时掌握生产情况和监视、控制生产过程,而对其中一些变量进行的定性检查和定量测量。

检测的目的是获取各过程变量值的信息。根据检测结果可对影响过程状况的变量进行自动调节或操纵,以达到提高质量、降低成本、节约能源、减少污染和安全生产等目的。

检测技术涉及的内容非常广泛,包括被检测信息的获取、转换、显示及测量数据的处理等技术。随着科学技术的不断进步,特别是随着微电子技术、计算机技术等高新科技的发展及新材料、新工艺的不断涌现,检测技术也在不断发展,并且已经成为一门实用性和综合性很强的新兴学科。

2. 工业过程检测的特点

第一,被测对象形态多样,有气态、液态、固态介质及其混合体,也有的被测对象具有特殊性质(如强腐蚀、强辐射、高温、高压、深冷、真空、高黏度、高速运动等)。

第二,被测参数性质多样,有温度、压力、流量、液位等物理量,也有各种机械量、电工量、化学量、生物量,还有某些工业过程要求检测的特殊参数(如纸浆的打浆度)等。

第三,被测变量的变化范围宽。如被测温度可以是1000℃以上的高温,也可以是0℃以下的低温甚至超低温。

第四,检测方式多种多样,既有断续测量又有连续测量,既有单参数检测又有多参数同时检测,还有每隔一段时间对不同参数的巡回检测等。

第五,检测环境比较恶劣。在工作过程中,存在着许多不利于检测的影响因素,如电源电压波动,温度、压力变化,以及在工作现场存在水汽、烟雾、粉尘、辐射、振动等。

为适应工业过程检测的上述特点,要求检测仪表不但具有良好的静态特性和动态特性,而且要针对不同的被测对象和测量要求采用不同的测量原理和测量手段。因此,检测仪表的种类繁多,而且为了适应工业过程对检测技术提出的新要求,还将有各式各样的新型仪表不断涌现。

3.检测仪表

检测仪表是能确定所感受的被测变量大小的仪表,它可以是传感器、变送器和自身兼有检测元件和显示装置的仪表。传感器是能接收被测信息并按一定规律将其转换成同种或别种性质的输出变量的仪表。输出为标准信号的传感器称为变送器。所谓标准信号,是指变化范围的上下限已经标准化的信号。

检测仪表可按下述方法进行分类:①按被测量分类。可分为温度检测仪表、压力检测仪表、流量检测仪表、物位检测仪表、机械量检测仪表及过程分析仪表等。②按测量原理分类。可分为电容式、电磁式、压电式、光电式、超声波式、核辐射式检测仪表等。③按输出信号分类。可分为输出模拟信号的模拟式仪表、输出数字信号的数字式仪表及输出开关信号的检测开关(如振动式物位开关)等。④按结构和功能特点分类。可按照测量结果是否就地显示分为测量与显示功能集于一身的一体化仪表和将测量结果转换为标准输出信号并远传至控制室集中显示的单元组合仪表;或者按照仪表是否含有微处理器而分为不带微处理器的常规仪表和以微处理器为核心的微机化仪表。后者的集成度越来越高,功能越来越强,有的已具有一定的人工智能,常被称为智能化仪表。目前,有的仪表供应商又推出了“虚拟仪器”的概念。所谓“虚拟仪器”是指在标准计算机的基础上加一组软件或(和)硬件,使用者操作这台计算机,即可充分利用最新的计算机技术来实现和扩展传统仪表的功能。这套以软件为主体的系统能够兼用普通计算机的各种计算、显示和通信功能。在基本硬件确定之后,就可以通过改变软件的方法来适应不同的需求,实现不同的功能。虚拟仪器彻底打破了传统仪表只能由生产厂家定义、用户无法改变的局面,用户可以自己设计、自己定义,通过软件的改变来更新自己的仪表或检测系统,改变传统仪表功能单一或有些功能用不上的缺陷,从而节省开发、维护费用,减少开发专用检测系统的时间。

(二)智能检测系统

智能检测系统和所有的计算机系统一样,由硬件、软件2大部分组成。智能检测系统的硬件部分主要包括各种传感器、信号采集系统、处理芯片、输入输出接口与输出隔离驱动电路。其中,处理芯片可以是微机,也可以是单片机、DSP等具有较强处理计算能力的芯片。

1.智能检测系统中的传感器

传感器是“能把特定的被测量信息(包括物理量、化学量、生物量等)按一定规律转换成某种可用信号输出的器件或装置”。所谓可用信号，是指便于处理与传输的信号，即把外界非电信息转换成电信号输出。随着科学技术的发展，传感器的输出信号更多的是光信号，因为光信号更便于快速、高效地处理与传输。

传感器作为智能检测系统的主要信息来源，其性能决定了整个检测系统的性能。传感器的工作原理多种多样，种类繁多，而且还在不断地涌现出新型传感器。

(1)常用传感器

常用传感器包括热电式传感器(将温度转换成电量的装置)、应变式传感器(利用电阻应变效应将应变转换成电阻的相对变化)、电感式传感器(基于电磁感应原理将被测量转换成电感量变化的装置)、电容式传感器(将被测量转换成电容量变化的装置)、压电式传感器(利用某些材料的压电效应将力转变为电荷或电压输出)、磁电式传感器(利用磁电作用将被测量转换为电信号)、光电式传感器(用光电元件将光能转换成电能的一种装置)、超声波传感器(利用超声波的传播特性进行工作的，其输出为电信号)。

(2)新型传感器

新型传感器包括光纤传感器(功能型传感器：利用光纤本身的某种敏感特性或功能制成；传光型传感器：光纤仅仅起传输光波的作用而必须在光纤端面或中间加装其他敏感元件才能构成的传感器)、红外传感器(将辐射能转换为电能的一种传感器，又称为红外探测器)、气敏传感器(能将被测气体浓度转换为与其成一定关系的电量输出的装置)、生物传感器(利用生物或生物物质做成的、用以检测与识别生物体内化学成分的传感器)、机器人传感器(能将机器人目标物特性或参量变换为电量输出的装置)、智能传感器(带有微处理机且兼有信息检测、信息处理、信息记忆、逻辑思维与判断功能的传感器)、数字传感器(能把被测模拟量直接转换成数字量输出的传感器)。

2.数据采集

数据采集系统是计算机、智能检测系统与外界物理世界联系的桥梁，是获取信息的重要途径，用于对整个系统进行控制和数据处理。它的核心是计算机，而计算机所处理的是数字信号，因此，输入的模拟信号必须进行模数(A–D)转换，将连续的模拟信号量化。所以，数据采集系统一般由多路开关、放大器、采样/保持器和A–D转换器等几部分组成。设计数据采集系统时，首先根据被测信号的特点及对系统性能的要求，选择系统的结构形式。常见的数据采集系统有多通道共享采样保持器和A–D转换器、多通道同步型数据采集系统、多通道并行型数据采集系统。

3.智能仪器的基本结构

智能仪器实际上是一个专用的微型计算机系统,由硬件和软件2大部分组成。

智能仪器的硬件部分主要包括主机电路、模拟量输入/输出通道、人机接口电路、标准通信接口等。

主机电路用来存储程序、数据并进行一系列的运算和处理,通常由微处理器、程序存储器、输入/输出(I/O)接口电路等组成,或者它本身就是一个单片微型计算机。

模拟量输入/输出通道用来输入/输出模拟信号,主要由A-D转换器、D-A转换器和有关的模拟信号处理电路等组成。

人机接口电路的作用是沟通操作者和仪器,主要由仪器面板中的键盘和显示器等组成。

标准通信接口电路用于实现仪器与计算机的联系,以便使仪器可以接收计算机的程控命令。

智能仪器的软件部分主要包括监控程序和接口管理程序2部分。其中,监控程序面向仪器面板键盘和显示器,接口管理程序主要面向通信接口。

4.智能仪器的现状与发展趋势

20世纪70年代以来,在新技术革命的推动下,尤其是微电子技术和微型计算机技术的快速进步,使电子仪器的整体水平发生了很大变化,先后出现了独立式智能仪器、GPIB自动测试系统、插卡式智能仪器(个人仪器)和VXI总线仪器系统,近年来又发展出了PXI仪器系统等。

独立式智能仪器(简称智能仪器)即前述的自身带有微处理器,能独立进行测试的电子仪器。智能仪器是现阶段智能化电子仪器的主体。

独立式智能仪器在结构上自成一体,因而使用灵活方便,并且仪器的技术性能可以做得很高。这类仪器在技术上已经比较成熟,不仅大多数传统的电子仪器已有相应换代的智能仪器产品,而且还出现了不少全新的仪器类型和测试系统体系,使现代电子测量与仪器发生了根本性的变化。智能仪器几乎都配有GPIB(或RS-232C)通信接口,可以很方便地组成自动测试系统。

自动测试系统具有极强的通用性和多功能性,对于不同的测试任务,只需增减或更换“挂”在它上面的仪器设备,编制相应的测试软件,而系统本身不变。这种自动测试系统特别适用于要求测量时间极短而数据处理量极大的测试任务,以及测试现场对操作人员有害或操作人员参与操作会产生人为误差的测试场合。

个人仪器是在智能仪器的基础上伴随着个人计算机(PC)而创造出的一种新型

仪器。个人仪器系统是由不同功能的仪器卡、插卡箱和一台PC有机结合而构成的自动测试系统。由于个人仪器和个人仪器系统充分地利用了PC的软件、硬件资源，因而相对传统智能仪器和由智能仪器构成的GPIB总线仪器系统来说，极大地降低了成本，大幅度地缩短了研制周期，显现出了广阔的发展前景。

VXI/PXI总线是开放式结构，它对所有仪器生产厂家和用户都是公开的，即允许不同生产厂家生产的卡式仪器在同一机箱中工作，从而使VXI/PXI总线很快就成为测试系统的主导结构。

VXI总线是面向模块式结构的仪器的总线，与GPIB总线相比，其性能有了较大幅度的提高。

智能仪器的未来发展主要在以下5个方面：①微型化。微型智能仪器指微电子技术、微机械技术、信息技术等综合应用于仪器的生产中，从而使仪器成为体积小、功能齐全的智能仪器，能够完成信号的采集、线性化处理、数字信号处理，控制信号的输出、放大，与其他仪器的接口，与人的交互等功能。②多功能化。这种多功能的综合型产品不但在性能上比专用脉冲发生器和频率合成器好，而且在各种测试功能上提供了较好的解决方案。③人工智能化。利用计算机模拟人的智能，可无须人的干预而自主地完成检测或控制功能，用于机器人、医疗诊断、专家系统、推理证明等方面。人工智能在现代仪器仪表中的应用使我们不仅可以解决用传统方法很难解决的问题，而且可以解决用传统方法根本不能解决的问题。④网络化。伴随着网络技术的飞速发展，Internet技术正在逐渐向工业控制和智能仪器仪表系统设计领域渗透，将实现智能仪器仪表系统基于Internet的通信能力及对设计好的智能仪器仪表系统进行远程升级、功能重置和系统维护。在线系统编程技术（ISP技术）是对软件进行修改、组态或重组的一种最新技术，它消除了传统技术的某些限制和连接弊病，有利于在线设计、制造与编程。ISP硬件灵活且易于软件修改，便于设计开发。由于ISP器件可以像任何其他器件一样在印制电路板（PCB）上处理，因此编程ISP器件不需要专门编程器和较复杂的流程，只要通过PC、嵌入式系统处理器甚至Internet远程网进行编程。⑤虚拟仪器是智能仪器发展的新阶段。测量仪器的主要功能都是由数据采集、数据分析和数据显示3大部分组成的。在虚拟现实系统中，数据分析和显示完全用PC的软件来完成。因此，只要额外提供一定的数据采集硬件，就可以与PC组成测量仪器。这种基于PC的测量仪器称为虚拟仪器。在虚拟仪器中，使用同一个硬件系统，只要应用不同的软件编程，就可得到功能完全不同的测量仪器。可见，软件系统是虚拟仪器的核心，“软件就是仪器”。传统的智能仪器主要在仪器技术中用了某种计算机技术，而虚拟仪器则强调在通用的计算机技术中吸收仪器技术。作为虚拟仪器核心的软件系统具有通用性、通俗性、可视性、可扩展性和升级性,能为用户带来极大的利益。

5.智能仪器的人机接口

人机接口是人与仪器交换信息的通道,是智能仪器智能的一个重要体现。一个优秀的人机接口可以增强仪器的功能,提高仪器工作效率,降低对操作人员的要求,从而提高仪器的智能化水平。

智能仪器人机接口通常有4种类型,即问答对话式(questionand answer)、专用指令语言式(command language)、菜单式(menu)和预定义式(pre-defined method)。其中,问答对话式和菜单式仪器以菜单的形式在屏幕上显示,操作方法简单,对操作者要求较低,适于新手操作使用,而专用指令语言式和预定义式对接口设计和仪器操作使用要求较高,设计周期较长,而且要求对操作者进行专门培训。但对于有经验的使用者来说,其操作灵活快捷,能迅速地与计算机通信。目前,大型精密仪器大多采用菜单式和专用指令语言式作为主要交互形式,或者采用多种交互形式混合使用的方法。

6.虚拟仪器概述

虚拟仪器是基于计算机的仪器。计算机和仪器的密切结合是目前仪器发展的一个重要方向。粗略地说,这种结合有2种方式:一种是将计算机装入仪器,其典型的例子就是所谓智能化的仪器,随着计算机功能的日益强大及其体积的日趋缩小,这类仪器功能也越来越强大,目前已经出现含嵌入式系统的仪器;另一种方式是将仪器装入计算机,以通用的计算机硬件及操作系统为依托,实现各种仪器功能,虚拟仪器主要是指这种方式。

虚拟仪器是现代仪器技术与计算机技术结合的产物。随着计算机技术特别是计算机的快速发展,CPU处理能力的增强、总线吞吐能力的提高及显示器技术的进步,人们逐渐意识到,可以把仪器的信号分析和处理、结果的表达与输出功能转移给计算机来完成。这样,可以利用计算机的高速计算能力和宽大的显示屏更好地完成原来的功能。在计算机内插上一块数据采集卡,就可以把传统仪器的所有功能模块都集成在一台计算机中了。而软件就成为虚拟仪器的关键,任何一个使用者都可以通过修改虚拟仪器的软件来改变它的功能。

虚拟仪器的主要特点如下:①尽可能采用了通用的硬件,各种仪器的差异主要是软件。②可充分发挥计算机的能力,有强大的数据处理功能,可以创造出功能更强的仪器。③用户可以根据自己的需要定义和制造各种仪器。

虚拟仪器实际上是一个按照仪器需求组织的数据采集系统。

(三)智能检测新技术

1.智能传感器与网络智能传感器

智能传感器是当今世界上正在迅速发展的高新技术,其定义为:"通过信号调理电路与微处理器赋予智能的结合,兼有信息检测与信息处理功能的传感器就是智能传感器。"这一提法突破了传感器与微处理器结合必须在工艺上集成在一块芯片上的限制,而着重于两者赋予智能的结合,可以使传感器的功能由以往只起"信息检测"作用扩展到兼有"信息处理"功能,因此智能传感器是既有获取信息又有信息处理功能的传感器。

智能传感器过去主要用于过程工业,如今在离散自动化领域和商业领域都有广泛应用。尤其是近10年,由于半导体技术的迅速发展,使微控制器的功能不断升级,价格不断下降,从而引起工业传感器设计的革命,也使检测技术的发展跃上一个新台阶。

智能传感器的功能特点如下:①提高了检测的准确度。②可设置灵活的检测窗口。③快捷方便的编程按钮。④具有学习功能。⑤可以有多种输出形式及数字通信接口等。⑥具有自诊断功能。⑦智能化使开发新应用更经济、更方便。

2.智能传感器网络化的实现

传感器与网络相连,是信息技术发展的一种必然趋势。

(1)利用现场总线技术

在自动化领域,现场总线控制系统FCS(fieldbus control system)正在逐步取代一般的分布式控制系统DCS(distributed control system),各种基于现场总线的智能传感器/执行器技术也得到迅速发展。同时,现场总线控制系统是一个开放式和全分散式的控制系统,它作为智能设备的连接纽带,把挂接在总线上作为网络节点的智能设备连接为网络系统,并进一步构成自动化系统,实现基本控制、补偿运算、参数修改、报警、显示、监控、优化及管控一体化的综合自动化功能,这是一项以智能传感器、控制、计算机、数字通信、网络为主要内容的综合技术。

现场总线的出现导致了传统控制系统结构的变革,形成了新型的网络集成式全分布式控制系统。现场总线系统具有较高的测控能力,可将微机置入现场设备,使设备具有数字计算和数字通信能力,为实现其远程传送创造了条件,可借助其网络功能,实现异地控制或远程控制,也可以更好、更方便地了解生产现场和自控设备的运行状态,以便进行故障诊断等工作。

现场总线控制系统综合了数字通信技术、计算机技术、自动控制技术、网络技术和智能仪表等多种技术手段,从根本上突破了传统的"点对点"式的模拟信号或数字—模拟信号的局限性，构成一种全分散、全数字化、智能、双向、互联、多接点的通信与控制系统，相应的控制网络结构也发生了较大的变化。

(2)利用Intranet/Internet技术

对于大型数据采集系统（特别是自动化工厂用的数据采集系统）而言，由于其中的传感器/执行器数以万计，特别希望能减少其中的总线数量，最好能统一为一种总线或网络，这样不仅有利于简化布线、节省空间、降低成本，而且方便系统维护。另一方面，现有工厂和企业大都建有企业内部网（Intranet），基于Intranet的信息管理系统（MIS）成为企业运营的公共信息平台，为工厂现代化提供了有力的保障。

Intranet和Internet具有相同的技术原理，都基于全球通用的TCP/IP协议，让传感器/执行器在应用现场实现TCP/IP协议，使现场测控数据就近登录网络，在网络所能及的范围内适时发布和共享，是具有Internet/Intranet功能的网络化智能传感器（包括执行器）的研究目标，也是目前国内外竞相研究与发展的前沿技术之一。

具有Internet/Intranet功能的网络化智能传感器是在智能传感器的基础上实现网络化和信息化，其核心是使传感器本身实现TCP/IP网络通信协议。随着电子和信息技术的高速发展，通过软件方式或硬件方式可以将TCP/IP协议嵌入智能化传感器中。

3.软测量技术简介

随着生产技术的发展和生产过程的日益复杂，为确保生产装置安全、高效地运行，需对与系统的稳定及产品质量密切相关的重要过程变量进行实时控制和优化控制。可是，在许多生产装置的这类重要过程变量中，存在着一大部分由于技术或是经济上的原因，很难通过传感器进行测量的变量。为了解决此类过程的控制问题，以前往往采用2种方法：一种方法是采用间接的质量指标控制，但此法难以保证最终质量指标的控制精度；另一种方法是采用在线分析仪表，但此法设备投资较大，维护成本高，并因较大的测量滞后而使得调节品质下降。为了解决这些问题，逐步形成了软测量方法及其应用技术。

目前，软测量技术被认为是最具有吸引力和富有成效的新方法。在不增加或少增加投资的条件下，软测量技术将会得到广泛应用，从而对过程检测和控制系统产生巨大影响。其主要意义如下：①打破传统单输入单输出仪表格局。软测量仪表是多输入多输出智能型仪表，它可以是专用仪表，也可以是由用户进行编程的通用仪表，一些价格较贵、难维护的仪表将为软测量仪表所代替。②实现在同一仪表中结合软测量技术与控制技术。采用智能总线化仪表后，在一台仪表中实现多个回路的控制将成为可能。③修改方便。软测量的本质是面向对象的，通过编程或组态来实现软测量数学模型，可以通过编程器或组态操作方便地对模型参数进行修改，甚至可以对推理控制模型进行修正。④在分散控制系统中实现方便。一些较简单的数学模型还可在单回路控制器中实现。⑤对过程控制系统来说，原来因缺少检测手段而采用的一些间接控制方案将被采用软测量技术的以直接控制目标为目的的控制方案所代替，以提高控制性能指标。同时，软测量技术的应用对原有一些经典控制方案也提出了挑战，采用软测量技术可直接对多优化目标函数进行估计，使优化控制直接在过程控制级实现，减少控制回路间的协调。

软测量就是选择与被估计变量相关的一组可测变量，构造某种以可测变量为输入、被估计变量为输出的数学模型，用计算机软件实现重要过程变量的估计。软测量估计值可作为控制系统的被控变量或反映过程特征的工艺参数，为优化控制与决策提供重要信息。

软测量技术通常由选择辅助变量、数据处理、建立软测量模型、软测量模型的在线校正等要素构成。

对用户来说，建立软测量技术控制方案的关键还是软件。软测量系统软件主要分为4层结构：测试管理层、测试程序层、仪器驱动层和I/O接口层。

软测量技术作为一种新的检测与控制技术，与其他技术相似，只有在其适用范围内才能充分发挥自身优势。因此，必须对其适用条件进行分析：①通过软测量技术所得到的过程变量估计值必须在工艺过程所允许的精确度范围内；②能通过其他检测手段根据过程变量估计值对系统数学模型进行校验，并根据两者偏差确定数学模型校正与否；③直接检测被估过程变量的自动化仪器仪表较贵或维护困难；④被估过程变量应具有灵敏性、精确性、鲁棒性、合理性及特异性。

目前，软测量技术在石化生产过程中正逐步得到应用。

三、智能控制

（一）智能控制简介

1.智能控制产生的背景及发展智能控制的重要意义

（1）智能控制的产生背景

控制理论的发展经历了古典控制、现代控制和智能控制3个阶段。其中，古典控制理论主要解决单输入单输出问题，主要采用传递函数、频率特性、根轨迹法等频域方法；现代控制理论利用状态空间法描述系统的动态过程，主要解决多输入多输出的控制问题。习惯上，将古典控制和现代控制统称为传统控制理论，其共同特点是必须建立被控对象的数学模型，用数学公式刻画被控对象的动态行为，以明确被控对象的输入量与输出量之间的数学关系，如古典控制理论中的传递函数、现代控制理论中的状态方程。

传统控制理论在相当长的一段时间内是解决控制问题的有力工具,时至今日也在工业控制中发挥着重要作用。但随着科学技术的飞速发展,被控对象越来越多样化,控制任务越来越复杂,传统控制理论遇到了很多难以解决的问题:①传统控制系统的设计与分析是建立在精确的系统数学模型基础上的,而实际系统由于存在复杂性、非线性、时变性、不确定性和不完全性等,一般无法获得精确的数学模型。②研究这类系统时,必须提出并遵循一些比较苛刻的假设,而这些假设在应用中往往与实际不相吻合。③对于某些复杂的和包含不确定性的对象,根本无法以传统数学模型来表示,即无法解决建模问题。④为了提高性能,传统控制系统可能变得很复杂,从而增加了设备的初投资和维修费用,降低了系统的可靠性。⑤应用要求进行创新,提出新的控制思想,进行新的集成开发,以解决未知环境中复杂系统的控制问题。

面对这些挑战,自动控制工作者的任务如下:①拓宽视野,着力创新,发展新的控制概念和控制方法,采用非完全模型控制系统。②采用开始时知之甚少和不甚正确的,但可以在系统工作过程中加以在线改进,使之成为日臻正确的系统模型。③采用离散事件驱动的动态系统和本质上完全断续的系统。

从这些任务可以看出,系统与信息理论以及人工智能思想和方法将深入建模过程,不把模型视为固定不变的,而是视为不断演化的实体。所开发的模型不仅含有解析与数值,而且包含定性和符号数据。它们是因果性的和动态的,高度非同步的和非解析的,甚至是非数值的。对于非完全已知的系统和非传统数学模型描述的系统,必须建立包括控制律、控制算法、控制策略、控制规则和协议等理论。实质上,这就是要建立智能化控制系统模型,或者建立传统解析和智能方法的混合(集成)控制模型,而其核心就在于实现控制器的智能化。

人工智能的产生和发展正在为自动控制系统的智能化提供有力支持。自动控制既面临严峻挑战,又存在良好发展机遇。为了解决面临的难题,一方面要推进控制硬件、软件和智能的结合,实现控制系统的智能化;另一方面要实现自动控制科学与计算机科学、信息科学、系统科学以及人工智能的结合,为自动控制提供新思想、新方法和新技术,创立边缘交叉新学科,推动智能控制的发展。自动化控制的发展过程如图5-8所示。

随着人工智能和机器人技术的快速发展,智能控制的研究出现了一股新的热潮。各种智能决策系统、专家控制系统、学习控制系统、模糊控制、神经控制、主动视觉控制、智能规划和故障诊断系统等已被应用于各类工业过程控制系统、智能机器人系统和智能化生产(制造)系统。

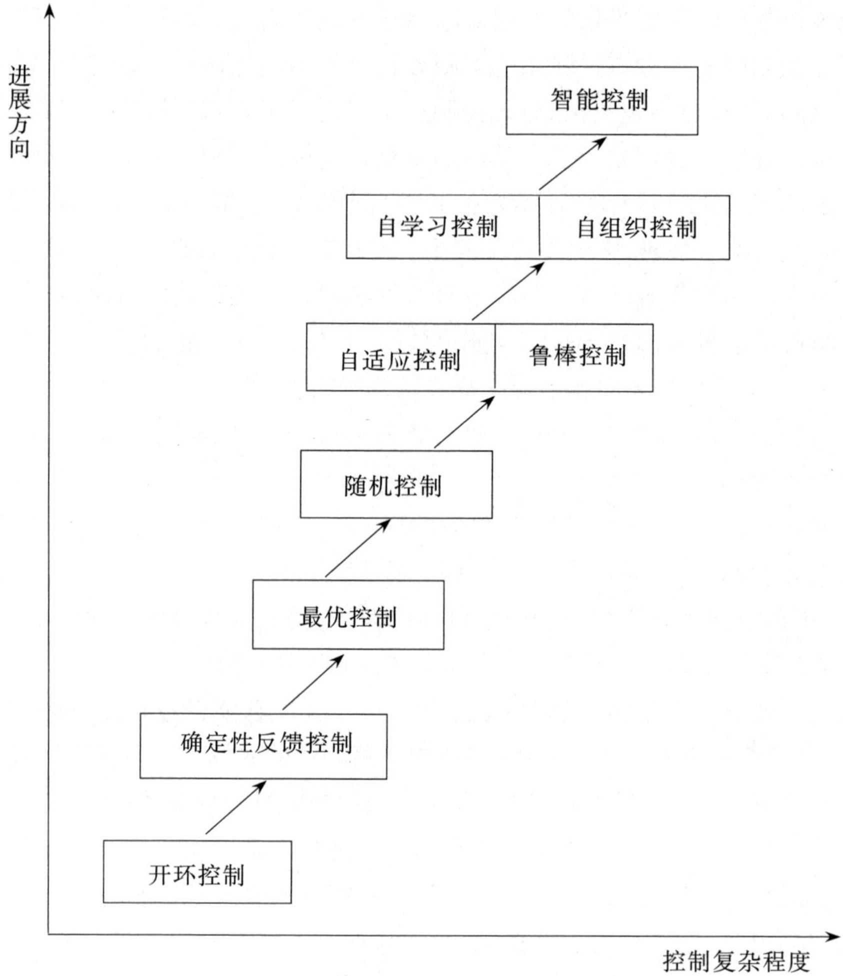

图5-8　自动化控制的发展过程

近年来,以计算智能为基础的一些新的智能控制方法和技术已被先后提出来。这些新的智能控制系统有仿人控制系统、进化控制系统和免疫控制系统等。把源于生物进化的进化计算机制与传统反馈机制相结合用于控制,可实现一种新的控制——进化控制;而把自然免疫系统的机制和计算方法用于控制,则可构成免疫控制。进化控制和免疫控制是2种最新的智能控制方案,其研究将推动智能控制的发展。

(2)发展智能控制的重要意义

智能控制作为一门新的学科登上国际科学舞台和大学讲台,是控制科学与工程界以及信息科学界的一件大事,具有十分重要的科学意义和长远影响。

第一,为解决传统控制无法解决的问题找到一条新的途径。多年来,自动控制一直在寻找新的出路。现在看来,出路之一就是实现控制系统的智能化,即智能控制,以期解决面临的难题。

第二,促进自动控制向更高水平发展。从智能控制的发展过程和已取得的成果来看,智能控制的产生和发展反映了当代自动控制的发展趋势,是历史的必然。智能控制已发展成为自动控制的一个新的里程碑,发展成为一种日趋成熟和日臻完善的控制手段,并获得日益广泛的应用。

第三,激发学术界的思想解放,推动科技创新。智能控制采用非数学模型、非数值计算、生物激励机制和混合广义模型,并可与反馈机制相结合组成灵活多样的控制系统和控制模式,激励人们解放思想、大胆创新。

第四,为实现脑力劳动和体力劳动的自动化智能化做出贡献。由于智能控制的应用,一些过去无法实现自动化的劳动,已实现智能自动化。

第五,为多种学派合作树立了典范。与人工智能学科相比,智能控制学科几乎没有出现过于激烈和对立的争论。早在智能控制建立的初期,许多智能控制专家实际上就已把不同认知学派的思想融合贯穿在了智能控制学科之中。

智能控制采用各种智能化技术实现复杂系统和其他系统的控制目标,是一种具有强大生命力的新型自动控制技术,并在航天、航海、复杂工业流程、机器人、带有生物化学变化的加工过程等领域获得日益广泛的应用。

2.智能控制的内涵及特点

(1)智能控制的内涵

智能控制是典型的多学科交叉的产物,涵盖了人工智能、自动控制、运筹学、信息论、仿生学、系统论、心理学、计算机科学等众多学科。其中,人工智能是智能控制产生和发展的重要基础。

通俗地说,智能控制是驱动智能机器自主地实现其目标的过程。或者说,智能控制是一类无须人的干预就能够独立地驱动智能机器实现其目标的自动控制。

和许多新兴的学科一样,智能控制尚没有统一的定义,有多种不同的描述,从学科结构理论上说,先后已提出了智能控制是二元、三元和四元交集的论述。1989年中国学者蔡自兴教授提出了智能控制四元交集论,即认为智能控制是自动控制、人工智能、运筹学和信息论的交集,如图5-9所示。

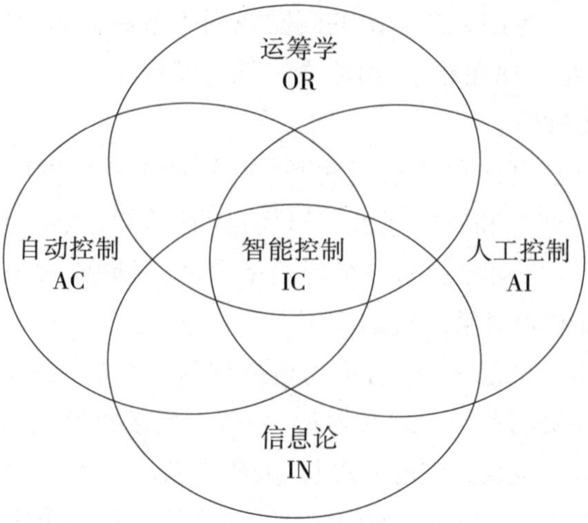

图5-9 智能控制四元交集论结构

(2)智能控制的功能特点

无论从智能控制的各种定义,还是从实际控制中对智能控制系统的要求来看,智能控制就是一类无须(或仅需尽可能少的)人的干预就能够独立地驱动智能机器实现其目标的自动控制。智能控制一般具有如下功能特点:①学习功能。智能控制系统具有很好的学习能力,能够从外界环境中获取信息,并进行识别、记忆和学习,通过不断地积累知识和经验来逐步提高智能控制系统的性能。②适应功能。智能控制系统在被控对象的动力学特性变化、外部环境变化、运行条件变化等情况下均能进行良好的控制,即使系统某一部分发生故障也能实现控制。③自组织功能。智能控制系统对于复杂的任务和多种传感器信息具有自行组织与协调的功能,当出现多目标时,可自行决策进行解决。④优化功能。智能控制系统能够不断优化控制参数和控制系统的结构形式,以获得最优的控制性能。

除以上功能外,智能控制系统还应具有相当的在线实时响应能力和友好的人机界面,以保证人机互助和人机协同工作。

(3)智能控制与传统控制的关系和差别

智能控制与传统的或常规的控制有密切的关系,不是相互排斥的。传统控制往往包含在智能控制之中,智能控制也利用常规控制的方法来解决"低级"的控制问题,力图扩充常规控制方法并建立一系列新的理论与方法来解决更具有挑战性的复杂控制问题。但是,智能控制与传统自动控制相比较,存在着巨大的差别。

传统的自动控制是建立在确定的模型基础上的,而智能控制的研究对象则存在严重的模型不确定性,即模型未知或知之甚少。

传统的自动控制系统的输入或输出设备与人及外界环境的信息交换很不方便，而智能控制能够更加深入而灵活地和系统进行信息交流，能够用文字、图纸、立体形象、语言等形式输出信息。

传统的自动控制系统对控制任务的要求是要么使输出量为定值（调节系统），要么使输出量跟随期望的运动轨迹（跟随系统），因此具有控制任务单一性的特点。而智能控制系统的控制任务可能比较复杂，它要求系统对一个复杂的任务具有自动规划和决策的能力等。

传统的控制理论对线性问题有较成熟的理论，而智能控制为解决复杂的非线性问题以及工业过程中动态的、在线运动的问题等找到了行之有效的途径。

与传统自动控制系统相比，智能控制系统具有足够的关于人的控制策略、被控对象及环境的有关知识以及运用这些知识的能力；以知识表示的非数学广义模型和以数学表示的混合控制过程，采用开、闭环控制和定性及定量控制结合的多模态控制方式；具有变结构特点，能总体自寻优，具有自适应、自组织、自学习和自协调能力；具有补偿及自修复能力和判断决策能力。

总之，智能控制系统通过智能机自动地完成其目标的控制过程，其智能机可以在熟悉或不熟悉的环境中自动地或人机交互地完成拟人任务。

(4)智能控制的主要研究内容

目前国内外智能控制研究方向及内容主要有：①智能控制的基础理论和方法研究；②智能控制体系结构的研究；③基于知识系统的专家控制；④基于模糊系统的智能控制；⑤基于学习及适应性的智能控制；⑥基于神经网络的智能控制系统；⑦基于信息论和进化论的学习控制器研究；⑧基于感知信息的智能控制系统；⑨其他，如计算机智能集成制造系统、智能计算系统、智能并行控制、智能容错控制、智能机器人等。

3.智能控制的8个重要分支

由于研究者对人类智能的认识和模拟的思路与方法各有不同，因此，与传统控制理论不同，智能控制不是一套独立的知识体系，而是对所有具有“智能”特点的控制理论的统称。智能控制包含了多个分支，如专家智能控制、分级递阶控制、模糊控制、神经网络控制、遗传算法等，各个分支之间没有明显的关联，但可以相互融合。下面简要介绍智能控制中的8个重要分支。

(1)专家智能控制

专家智能控制是专家系统理论和控制技术相结合的产物。专家系统的实质是计算机软件程序，其中包含了人类专家的知识和经验，从而可以让计算机像人类专家那样去解决各种问题，目前可以处理预测、诊断、设计、规划等诸多工程问题。专家控制不需要被控对象的数学模型，因此是解决不确定性系统控制的一种有效方法。

(2)分级递阶控制

分级递阶控制建立在自适应控制和自组织控制的基础上，属于最早的智能控制理论之一。分级递阶控制遵循“精度随智能降低而提高”的原则，将控制系统分为组织级、协调级和执行级。组织级通过人机接口和用户进行交互，执行最高决策的控制功能，监视并指导协调级和执行级的所有行为；协调级在组织级和执行级之间起连接作用；执行级通常执行一个确定的动作。

(3)模糊控制

模糊控制的理论基础是模糊集理论，这一理论使用数学方法表达如“比较好”“非常大”等这类日常生活中对事物的模糊描述。模糊控制的基本出发点是人在操控某一系统时依靠的是经验，并且人在实际控制过程中不进行精确计算，而是使用模糊化的推理，如“如果温度很高，则降低电压”。因此，模糊控制的核心是对经验的有效总结，并将经验转化为相应的模糊控制规则。

(4)神经网络控制

神经网络方法试图通过模拟人的神经系统的结构和运行机制来解决各种工程问题。神经网络的功能主要是对输入数据进行映射，从而得到输出。而控制问题实质上也是映射问题，即对被控系统的输出数据进行映射，从而得到控制系统的输出，用于解决强非线性系统、无法建立数学模型的系统的控制问题。

(5)遗传算法

遗传算法是一种寻优方法，常用于模糊控制规则的优化和神经网络的权值阈值寻优。这一算法充分体现了人工智能的特色和思想，它模拟生物遗传原理，并遵循自然界中“适者生存，不适者淘汰”的生物繁衍规律。算法向寻优目标逐步靠近的过程，相当于生物通过多代遗传产生最优个体的过程。遗传算法是处理非线性、高维、多极值寻优问题的有力工具。

(6)仿生智能控制

仿生智能控制的基本思想是在控制过程中利用计算机模拟人的控制行为功能，最大限度地识别和利用控制系统动态过程所提供的特征信息，进行启发和直觉推理，从而实现对缺乏精确模型的对象进行有效的控制。从某种意义上说，智能控制就是仿生和拟人控制。模仿人和生物的控制机构、行为和功能所进行的控制，就是拟人控制和仿生控制。神经控制、进化控制、免疫控制等都是仿生控制，而递阶控制、专家控制、学习控制和仿人控制等则属于拟人控制。

(7)学习控制系统

研究用机器来代替人类从事体力和脑力劳动(包括控制作用),就是用机器代替人的思维。在人类的进化过程中,学习功能起着十分重要的作用。学习控制正是模拟人类自身各种优良的控制调节机制的一种尝试。学习作为一种过程,它通过重复各种输入信号,并从外部校正该系统,从而使系统对特定输入具有特定响应。学习控制系统是一个能在其运行过程中逐步获得受控过程及环境的非预知信息,积累控制经验,并在一定的评价标准下进行估值、分类、决策和不断改善系统品质的自动控制系统。

(8)集成智能控制系统

将多种智能控制方法或机理融合在一起而构成的智能控制系统称为集成智能控制系统,如模糊控制与神经网络的融合、基于遗传算法的模糊控制系统、专家模糊系统、混沌模糊控制等。

(二)智能控制的应用

智能控制现有和潜在的应用领域众多,如机器人、计算机集成制造、航天航空、农业生产、社会经济管理、交通运输管理、环保、家用电器等。

1.复杂工业过程的智能控制

在石油、化工、冶金等生产过程中,难免会存在大量的非线性和不确定性,如原材料的变化及其自身的非线性、生产设备的非线性、生产任务的不同、不正常工况的干扰等。同时,生产过程也需要优化调度。目前,神经网络已应用于炼油厂的生产过程控制中,专家系统已应用于轧钢控制和高炉控制中,模糊控制已应用于粮食烘干过程控制中,模糊专家系统已应用于啤酒发酵生产中。

2.机器人智能控制

可以说,机器人是机械技术和智能控制理论的完美结合,虽然目前机器人的智能化程度还未达到人类的智能水平,但已在很多方面有所突破,如机器人的避障控制、寻迹和跟踪控制、机器臂的柔顺控制等。另外,国外已开发出能够自如动作的舞蹈机器人、能够直立行走并能完成跳跃的双足机器人、能够进行管道缺陷检测和修复的机器人等。

3.工程机械智能控制

在矿山、建筑工地、垃圾处理场和道路工程中,总是有大量的挖掘和铲土作业。要完成这些工作,经常使用像挖掘机、装载机这样一些既复杂又昂贵的机器。为了让驾驶员脱离恶劣的工作环境,提高劳动生产率,改善机器的使用状况,降低机器的使用费用，对这类机器的自主作业的控制，已引起普遍的重视。但在实际工地上，在不能预测的、非结构化的、动态的岩土挖掘与铲装工作环境里，铲斗阻力的预测是不可能的，铲斗的运动只能依靠在当前状态下数据的反馈来做出在线的决策。在完全自主的岩土挖掘与铲装作业中，采用的控制结构遵循了基于行为的控制概念，通过把一项复杂的工作任务分解成很多简单的组成部分，这些组成部分分别由一些铲装行为来实现，以解决岩土挖掘与铲装的控制问题。

4.家用电器的智能控制

家用电器是智能控制的一个重要应用场合。各种家用电器都工作在非线性、时变、不确定的环境中。例如，在空调控制中，空调所处的环境条件是时变的、不确定的，空调控制器输出的控制信号所产生的作用在一段时间之后才会体现出来，因此又具有时滞性；在洗衣机控制中，每一次洗涤衣物的多少、衣物的材质、衣物的干净程度均不一样，从而它也是一种非线性不确定系统。所以，传统控制理论在家电控制方面效果甚微。目前，应用了智能控制的家用电器为数众多，如洗衣机、空调、电冰箱、电饭锅等。

另外，智能控制还在农田灌溉、城市污水处理、石油开采、飞行器控制等多个领域中获得成功应用，并表现出了较强的灵活性和实用性。可以说，凡是传统控制理论能够解决的问题，智能控制也能够解决，而传统控制理论不能够解决的问题，智能控制往往会获得良好的效果。正是因为有新的解决问题的思想，智能控制才成为新一代的控制方法，并具有十分广阔和诱人的应用前景。

参考文献

[1] 柳光利,杨阳,郑宗慧.机械设计[M].成都:西南交通大学出版社,2022:11.

[2] 杨敏,杨建锋.机械设计[M].武汉:华中科技大学出版社,2020:20.

[3] 朱双霞,曾礼平,江文清,等.机械设计[M].重庆:重庆大学出版社,2019:13.

[4] 王笑竹,霍仕武.机械设计[M].北京:北京理工大学出版社,2017:11.

[5] 魏冰阳,徐恺.机械设计[M].成都:电子科技大学出版社,2017:18.

[6] 陈本锋.机械制造与创新设计[M].成都:西南交通大学出版社,2023:25.

[7] 连潇,曹巨华,李素斌.机械制造与机电工程[M].汕头:汕头大学出版社,2022:38.

[8] 李建松,许大华,毕永强.机械制造技术[M].北京:机械工业出版社,2022:26.

[9] 喻洪平.机械制造技术基础[M].重庆:重庆大学出版社,2021:29.

[10] 张维合.机械制造技术基础[M].北京:北京理工大学出版社,2021:69.

[11] 马晋芳,乔宁宁.金属材料与机械制造工艺[M].长春:吉林科学技术出版社,2022:68.

[12] 刘俊义.机械制造工程训练[M].南京:东南大学出版社,2020:69.

[13] 闻邦椿.机械设计手册 带传动和链传动 摩擦轮传动与螺旋传动[M].北京:机械工业出版社,2020:30.

[14] 卢金辉.机械基础[M].北京:中国商务出版社,2018:44.

[15] 汪伯超,谢瑞.机械基础[M].成都:电子科技大学出版社,2019:55.

[16] 孟繁忠.链传动技术手册[M].北京:机械工业出版社,2016:69.

[17] 汪伯超,谢瑞.机械基础[M].成都:电子科技大学出版社,2019:89.

[18] 卢金辉.机械基础[M].北京:中国商务出版社,2018:99.

[19] 张玉平,谭娟.液压传动[M].武汉:华中科技大学出版社,2017:101.

[20] 张伟杰,张洪斌.液压与气压传动[M].徐州:中国矿业大学出版社,2022:123.

[21] 杜正春,杨建国,潘拯.机械制造工艺学[M].北京:机械工业出版社,2019:145.

[22] 杨杰.机械制造装备设计[M].武汉:华中科技大学出版社,2019:75.

[23] 张兆隆.机械制造技术[M].北京:北京理工大学出版社,2019:79.

[24] 刘军军,徐朝钢.机械制造工艺[M].成都:电子科技大学出版社,2019:89.
[25] 蔡安江.机械制造技术基础[M].武汉:华中科技大学出版社,2019:86.
[26] 于爱武.机械制造技术应用[M].北京:北京理工大学出版社,2019:76.